Lars Gellner/Silke Petersen

Fit in den schriftlichen Rechenverfahren

Band 1: Addition und Subtraktion

 Persen

Persen Verlag GmbH

Gedruckt auf umweltbewusst gefertigtem, chlorfrei gebleichtem
und alterungsbeständigem Papier.

1. Auflage 2009
Nach den seit 2006 amtlich gültigen Regelungen der Rechtschreibung.
© Persen Verlag GmbH, Buxtehude
Alle Rechte vorbehalten.

Illustrationen: Mele Brink
Satz: Satzpunkt Ursula Ewert GmbH, Bayreuth

ISBN 978-3-8344-3318-3

www.persen.de

Inhaltsverzeichnis

Einführung

Ein elementares Ziel des Mathematikunterrichts ist der Aufbau von Handlungskompetenzen, die Voraussetzung sind, um während und nach der Schulzeit lebens- bzw. berufspraktische Tätigkeiten ausüben zu können.

Der vorliegende Band ist insbesondere für die Zielgruppe „Förderschule" konzipiert worden. Es werden Einsichten und Fertigkeiten im Umgang mit den Grundrechenarten Addition und Subtraktion sowie den schriftlichen Lösungswegen und deren Kontrollmöglichkeiten vermittelt. Den schriftlichen Rechenverfahren kommen im Mathematikunterricht eine fundamentale Bedeutung zu. Sie dienen als Handwerkzeug zum Lösen alltäglicher mathematischer Fragen („Was kostet der Einkauf?"; „Wo kaufe ich am günstigsten?"; „Wie viele Euro habe ich gespart?"). Um diese oder ähnliche Aufgaben lösen zu können, ist sicheres schriftliches Rechnen nötig.

Die Materialien fördern das Verständnis in das Verfahren und die Technik der schriftlichen Addition bzw. Subtraktion. In einem offenen, die Selbsttätigkeit fördernden Unterricht können die Schülerinnen und Schüler zu wichtigen Einsichten in das dekadische Zahlensystem und den Algorithmus geführt werden.

In einem Wiederholungsteil festigen die Schülerinnen und Schüler zunächst die Einsicht in die Struktur des Zahlenraums bis 10.000 und die Funktion der Stellenwerte durch vielfältige Bündelungs- und Orientierungsübungen. Leistungsschwächere Schülerinnen und Schüler können das Bündelungsprinzip als Grundlage und Vorbereitung der schriftlichen Addition mit Übertrag zusätzlich mithilfe von konkreten Veranschaulichungsmitteln (z. B. Steckwürfel, Mehrsystemblöcke) nachvollziehen: 10 Einer lassen sich durch eine Zehnerstange, 10 Zehnerstangen durch einen Hunderterblock usw. austauschen. Die Ergebnisse des Umbündelns können in eine Stellenwerttafel eingetragen werden. Tausch- und Legespiele an Stellenwerttafeln, -brettern bzw. -platten stellen eine weitere Übungsform dar, um zur Einsicht in die Stellenwertschreibweise zu gelangen und das Prinzip der Zehnerbündelung nachvollziehen zu können.

Wichtig in diesem Zusammenhang ist ferner, dass den Schülerinnen und Schülern der Unterschied zwischen der Sprech- und Schreibweise bewusst wird. Bei den zweistelligen Zahlwörtern stimmt die Reihenfolge weder in der Wortform (z. B. dreiundfünfzig) noch in der Ziffernform (53) überein.

Des Weiteren wird das Runden von Zahlen und somit der sichere Umgang mit Überschlagsrechnungen als wichtiges Selbstkontrollinstrument zur kritischen Überprüfung der Ergebnisse aufgegriffen und durch zahlreiche Übungen gefestigt. Der Überschlag ist für die Lebensbewältigung besonders relevant, da man sich z. B. bei Besorgungen damit einen Überblick in Bezug auf Preise und Kosten verschaffen kann.

Beginnend mit einführenden Aufgaben werden die Schülerinnen und Schüler Schritt für Schritt an die jeweils notwendigen Voraussetzungen für das schriftliche Rechnen herangeführt. Um insbesondere Kindern und Jugendlichen mit Lernproblemen gerecht zu werden, sind die einzelnen Teilbereiche gesondert aufbereitet. So werden jeweils das schriftliche Addieren ohne und mit Übertrag sowie das schriftliche Subtrahieren ohne und mit Übertrag zunächst kleinschrittig eingeführt. In Merkkästen und an vielen Beispielen lernen die Schülerinnen und Schüler den anzuwendenden Algorithmus zur Ergebnisfindung. Der Problematik, dass einzelne Schülerinnen und Schüler oftmals Schwierigkeiten haben, Summanden stellengerecht und ordentlich untereinander zu schreiben, werden die Materialseiten in Form von Stellenwerttafeln gerecht. Neben der Vorgabe der Einer-, Zehner, Hunderterstelle usw. ist eine zusätzliche Kästchenzeile zwischen dem letzten Summanden bzw. Subtrahenden und dem (Summen-)Strich eingefügt. Diese soll des Weiteren die Notation der Übertragsziffern erleichtern.

Die Formen des schriftlichen Rechnens sind in Deutschland weitgehend normiert und verbindlich vorgeschrieben (Normalverfahren) durch die Beschlüsse der Kultusministerkonferenz. Das Normalverfahren zeichnet sich schematisch durch Einzelschritte nach festen Regeln in fester Reihenfolge aus.

Im Gegensatz zu den weiteren Grundrechenarten manifestieren sich erfahrungsgemäß bei der Addition geringere Lernschwierigkeiten. Ein möglicher Grund liegt darin, dass lediglich ein Weg existiert, eine Additionsaufgabe schriftlich zu lösen. Bei der schriftlichen Subtraktion kann im Unterricht hingegen auf zwei normierte Verfahren zurückgegriffen werden, deren jeweilige Vor- und Nachteile seit Jahrzehnten in Fachkreisen kontrovers diskutiert werden. Die Fürsprecher des Abziehverfahrens akzentuieren u. a. das Verständnis für den Algorithmus und die Tatsache, dass Sach- und Textaufgaben zumeist auf dem Wegnehmen (Abziehen) beruhten. Für das Ergänzungsverfahren spricht, dass der Zusammenhang zwischen Addition und Subtraktion unmit-

telbar deutlich und ausschließlich das vertraute Einsundeins benötigt wird. Ferner erfolgt die alltägliche Einkaufssituation (Wechselgeld) im Sinne der Ergänzung.
Die Autoren haben sich aufgrund der o. g. Vorteile für die Einführung des Ergänzungsverfahrens entschieden. Ein weiteres wichtiges Argument besteht darin, dass dieses Verfahren die Subtraktion mit mehreren Subtrahenden erleichtert. Für Aufgaben (z. B. 188–49), die sich nicht stellenweise durch Ergänzen lösen lassen (Übertrag) werden die Schülerinnen und Schüler mit der Übertragstechnik des „Auffüllens" vertraut gemacht. Bei dieser wird die Subtraktionsaufgabe in eine Additionsaufgabe umgewandelt, in der der Minuend zur Lösung und der Subtrahend ein Summand wird. Der fehlende Summand wird durch Ergänzen ermittelt. Die Notation erfolgt in Form einer Übertragsziffer hinter bzw. unter der nächsten linken Ziffer im Subtrahenden. Vor der Einführung in das Subtrahieren mit Überträgen muss das Prinzip des Auffüllens zum vollen Zehner gefestigt werden. Es bieten sich Sachaufgaben an, bei denen Geld eine Rolle spielt („Wie viel Geld wird noch benötigt, wenn man bereits den Betrag X gespart hat?").
Die unterschiedlichen Schwierigkeitsmerkmale von Additions- und Subtraktionsaufgaben und deren typische Fehlerquellen werden in diesem Band berücksichtigt. Sie sind eingebunden in vielfältige Übungsaufgaben, die durch Sachaufgaben aus dem Alltag und der Lebenswelt der Kinder und Jugendlichen ergänzt werden. Im Folgenden wird jeweils eine Aufgabe mit vielfältigen Schwierigkeitsmerkmalen aus den Bereichen Addition und Subtraktion exemplarisch vorgestellt und potenzielle Verfahrensfehler erörtert:

	H	Z	E
	7	0	8
+		9	8
	1	1	

- zwei Überträge
- Stellenunterschied
- Null in einem der Summanden und der Summe
- Übertrag in leere Stelle
- Übertrag zur Neun
- zweiter Übertrag resultiert aus erstem
- gleiche Ziffern übereinander
- „Summenziffer" Zehn

Es wird zwischen fehlerhaften Überträgen (kein Übertrag zur Null und/oder kein Übertrag in die leere Stelle) und der Nichtberücksichtigung von Überträgen unterschieden.
Weisen die Summanden Nullen auf, wird häufig die fehlerhafte Additionsstrategie 0 + a = 0 verwendet.
Ein mögliches Ignorieren der Hunderterstelle kann ein Anzeichen für eine zu einseitige Behandlung von Summen mit jeweils gleicher Stellenzahl sein.
Problematisch wird es zudem, wenn die Grundaufgaben des Kleinen „1+1" nicht beherrscht werden.

	H	Z	E
	9	9	4
–		9	7
	1	1	

- zwei Überträge
- Stellenunterschied
- Übertrag in leere Stelle
- Übertrag zur Neun
- Übertrag zur Null
- gleiche Ziffern untereinander nach

Auch bei der schriftlichen Subtraktion treten häufig Fehler beim Übertrag auf (z. B. keine oder nur vereinzelte Berücksichtigung des Übertrags, kein Übertrag in die leere Stelle). Dies betrifft insbesondere Aufgaben, bei denen im Subtrahend die Ziffer „9" vorkommt. Ferner kann eine Null in den vorgegebenen Zahlen für die Schülerinnen und Schüler eine Hürde darstellen. Zu erwähnen sind auch Rechenrichtungsfehler, die auf einer spaltenweisen Unterschiedsbildung basieren.
Mit folgenden Maßnahmen lassen sich Übertragsfehler vermeiden:
- Rechnen an der Stellenwerttafel
- Übertragsziffern farbig hervorheben
- Notation der Überträge erleichtern (generell den Summstrich nach unten versetzen, sodass Übertragsziffern jeweils in die richtige Spalte geschrieben werden können)

Abschließend sei erwähnt, dass bei auftretenden Problemen bzw. Fehlern (Bündelungsprinzip, falsche Stellenzuordnung, Übertragsfehler) ein Rückgriff auf konkretes Material erforderlich ist.

Der Zahlenraum bis 1000 – Aufbau 1

❶ Trage die fehlenden Zahlen ein.

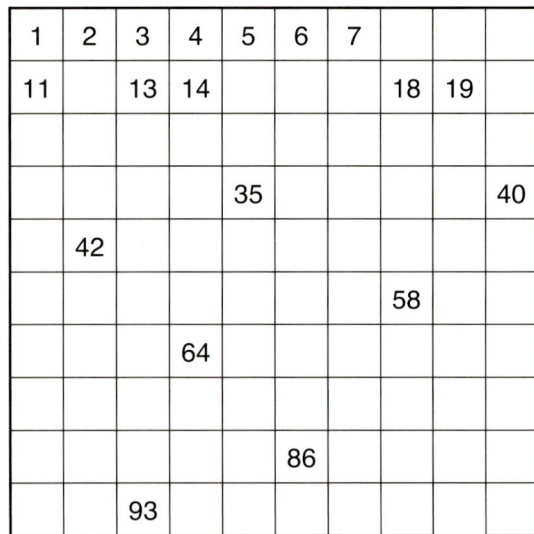

1	2	3	4	5	6	7			
11		13	14				18	19	
				35					40
	42								
						58			
		64							
					86				
		93							

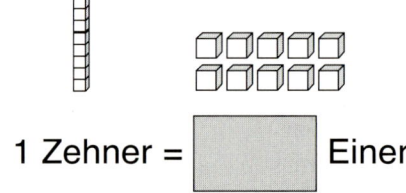

1 Zehner = ▭ Einer

 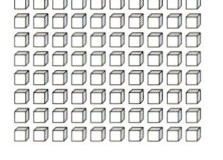

1 Hunderter = ▭ Zehner = ▭ Einer

❷ Trage die fehlenden Zahlen ein.

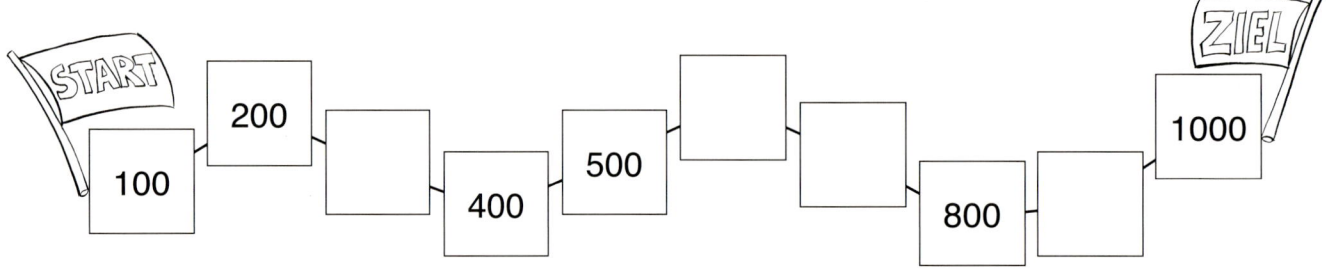

START 100 200 ▭ 400 500 ▭ ▭ 800 ▭ 1000 ZIEL

❸ Trage die fehlenden Zahlen ein.

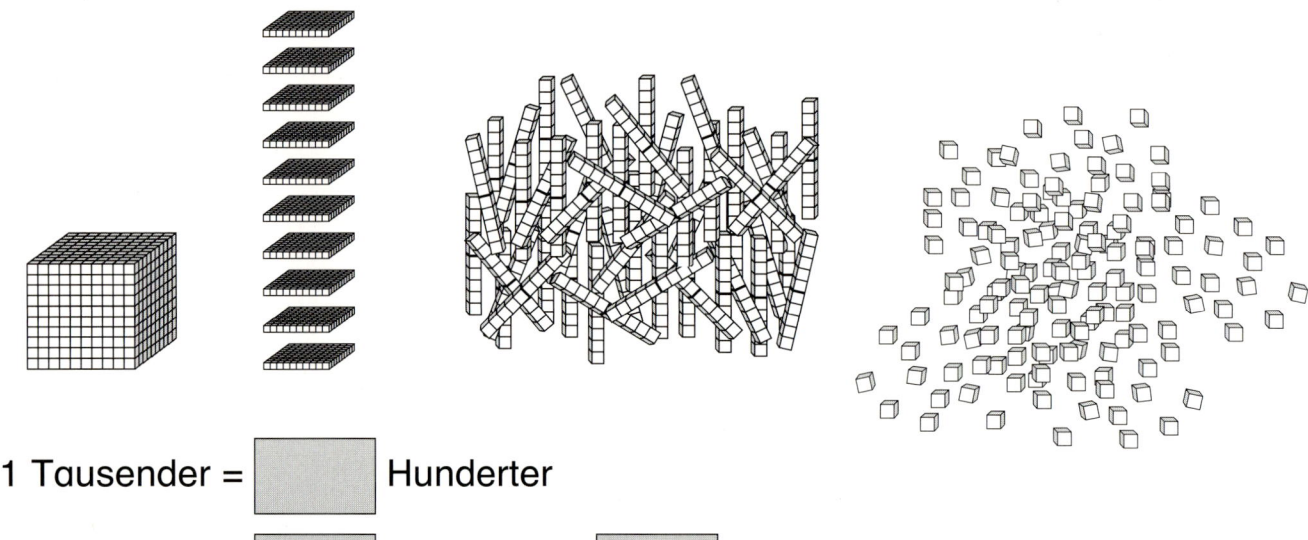

1 Tausender = ▭ Hunderter

1 Tausender = ▭ Hunderter = ▭ Zehner

1 Tausender = ▭ Hunderter = ▭ Zehner = ▭ Einer

Der Zahlenraum bis 1000 – Aufbau 2

Merke:

⬜	= 1E (Einer)	=	1
	= 1Z (Zehner)	=	10
	= 1H (Hunderter)	=	100
	= 1T (Tausender)	=	1000

❶ Fülle die Lücken.

	H	Z	E	
a)	2	0	0	= zweihundert
b)	4	3	0	= _____
c)	6	1	3	= sechshundertdreizehn
d)				= fünfhundertvierundzwanzig
e)	8	4	1	= _____
f)				= einhundertsiebenundfünfzig
g)				= _____

❷ Wie heißen die Zahlen? Trage ein.

				T	H	Z	E	**Zahl**
a)	8 H	7 Z	4 E		8	7	4	874
b)	5 H	3 Z	9 E					
c)	1 T	0 H	0 Z	0 E				
d)	9 H	0 Z	5 E					

❶ Setze die fehlenden Zahlen ein.

a)

300			600		800		

b)

	200			500		

c)

450		470			500		

d)

		810		830			

e)

310			313			316	

f)

	504				508		

g)

	99			102			

❷ Setze das richtige Zeichen ein: < (kleiner), = (gleich) oder > (größer)

a) 400 ☐ 900   b) 520 ☐ 830   c) 250 ☐ 851   d) 543 ☐ 634

700 ☐ 700   310 ☐ 210   458 ☐ 246   521 ☐ 125

500 ☐ 100   640 ☐ 640   214 ☐ 751   742 ☐ 247

200 ☐ 300   730 ☐ 890   351 ☐ 124   321 ☐ 312

800 ☐ 400   980 ☐ 950   842 ☐ 842   457 ☐ 547

600 ☐ 200   220 ☐ 110   653 ☐ 852   666 ☐ 777

100 ☐ 600   680 ☐ 680   852 ☐ 439   851 ☐ 518

Gellner/Petersen: Fit in den schriftlichen Rechenverfahren, Band 1
© Persen Verlag GmbH, Buxtehude

Der Zahlenraum bis 1000 – Orientierung 2

❶ Ordne die Zahlen. Beginne jeweils mit der kleinsten Zahl.

a) 100, 400, 300, 500, 600 ⟶ ☐ ☐ ☐ ☐ ☐

b) 630, 620, 670, 610, 680 ⟶ ☐ ☐ ☐ ☐ ☐

c) 520, 630, 70, 240, 950 ⟶ ☐ ☐ ☐ ☐ ☐

d) 807, 883, 862, 891, 825 ⟶ ☐ ☐ ☐ ☐ ☐

e)   55, 234, 456, 788, 129 ⟶ ☐ ☐ ☐ ☐ ☐

❷ Trage richtig ein.

| 257 | 7 | 412 | 837 | 579 | 936 |
| 845 | 654 | 783 | 66 | 499 | 322 |

a) Welche Zahlen liegen zwischen 300 und 500?   ☐ ☐ ☐

b) Welche Zahlen liegen zwischen 500 und 800?   ☐ ☐ ☐

c) Welche Zahlen sind kleiner als 300?   ☐ ☐ ☐

d) Welche Zahlen sind größer als 800?   ☐ ☐ ☐

Zehntausend
10 000

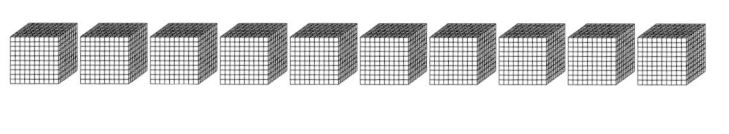

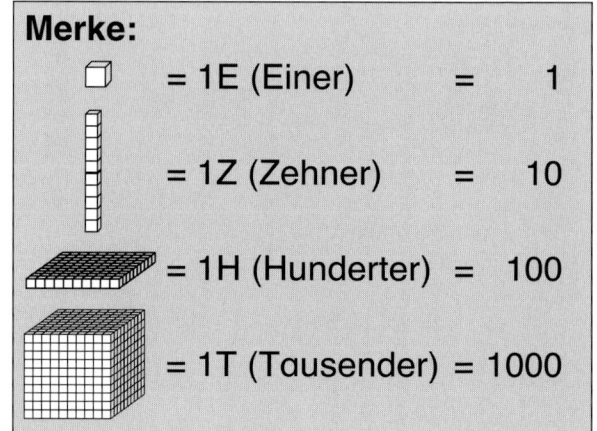

Merke:

▢	= 1 E (Einer)	=	1
▯	= 1 Z (Zehner)	=	10
▱	= 1 H (Hunderter)	=	100
▨	= 1 T (Tausender)	=	1000

❶ Trage die fehlenden Zahlen ein.

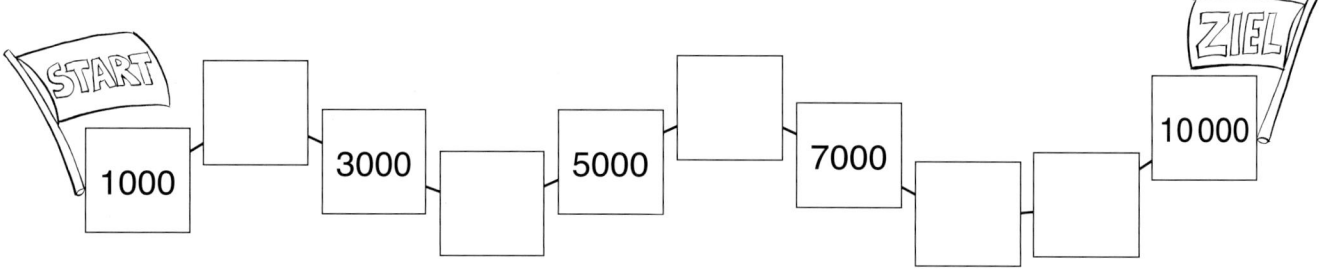

START			3000		5000		7000			10 000	ZIEL
1000											

❷ Trage die fehlenden Zahlen ein.

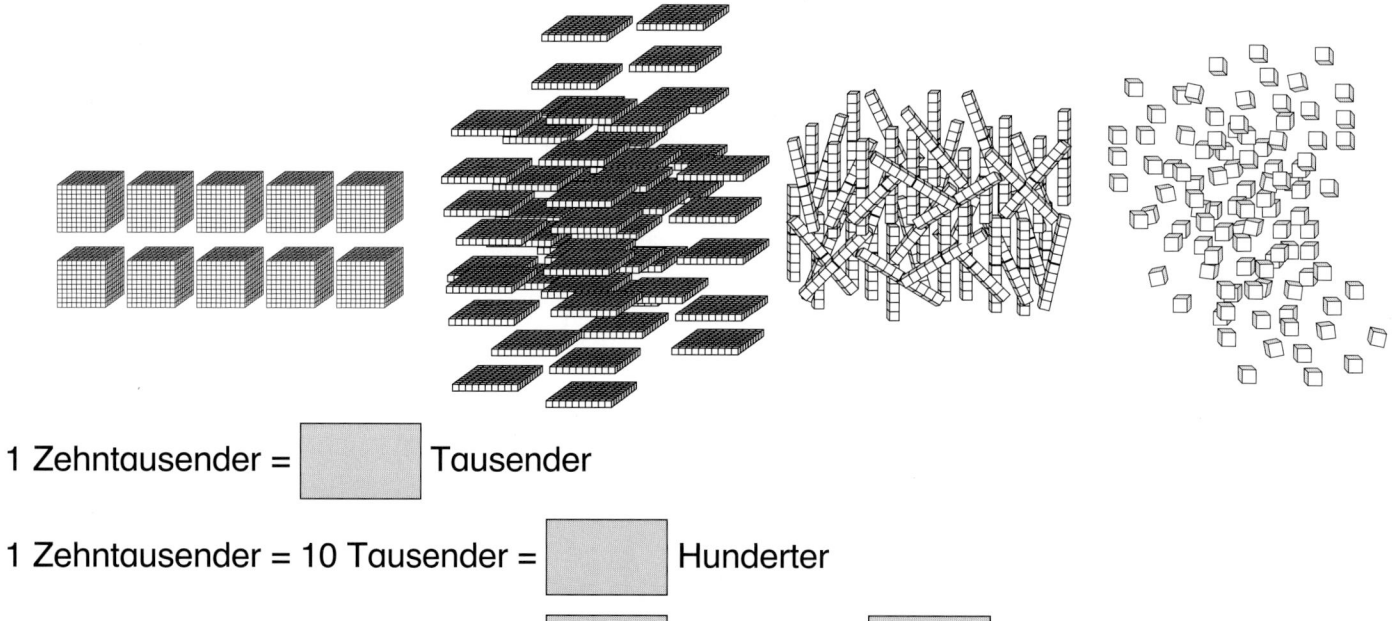

1 Zehntausender = ☐ Tausender

1 Zehntausender = 10 Tausender = ☐ Hunderter

1 Zehntausender = 10 Tausender = ☐ Hunderter = ☐ Zehner

1 Zehntausender = 10 Tausender = ☐ Hunderter = ☐ Zehner = ☐ Einer

Gellner/Petersen: Fit in den schriftlichen Rechenverfahren, Band 1
© Persen Verlag GmbH, Buxtehude

Der Zahlenraum bis 10 000 – Aufbau 2

Merke:

◻	= 1E (Einer)	= 1
▯	= 1Z (Zehner)	= 10
▱	= 1H (Hunderter)	= 100
▨	= 1T (Tausender)	= 1000

❶ Wie heißen die Zahlen? Trage ein.

T	H	Z	E	Zahl
2	3	2	1	a) _____
				b) _____
				c) _____
				d) _____

a)

b)

c)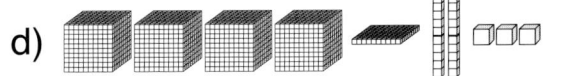

d)

❷ Wie heißen die Zahlen? Trage ein.

	T	H	Z	E	Zahl
a) 5 T 8 H 6 Z 4 E					_____
b) 8 T 3 H 1 Z 9 E					_____
c) 9 T 2 H 6 Z 5 E					_____
d) 7 T 5 H 0 Z 1 E					_____
e) 4 T 0 H 3 Z 0 E					_____
f) 6 T 7 H 0 Z 8 E					_____

Der Zahlenraum bis 10 000 – Orientierung 1

❶ Setze die fehlenden Zahlen ein.

a)

	4000		6000			

b)

3500			3800		4100	

c)

		8100			8400		

d)

	6720		6740			6770	

e)

9880				9920			

f)

	7431			7434			

g)

5498			5501			5504	

❷ Setze das richtige Zeichen ein: < (kleiner), = (gleich) oder > (größer)

a) 3400 ☐ 6800

7400 ☐ 2400

5800 ☐ 3300

2300 ☐ 2400

5800 ☐ 8400

6100 ☐ 6100

8200 ☐ 2800

b) 7460 ☐ 3460

3860 ☐ 8460

7540 ☐ 4310

5910 ☐ 1630

2510 ☐ 2520

4970 ☐ 4970

9890 ☐ 8980

c) 1256 ☐ 8467

7836 ☐ 3563

6235 ☐ 8735

3412 ☐ 3412

6739 ☐ 7396

4237 ☐ 5936

1919 ☐ 9191

❶ Ordne die Zahlen. Beginne jeweils mit der kleinsten Zahl.

a) 5000, 4000, 8000, 2000 ⟶ ☐ ☐ ☐ ☐

b) 7200, 7900, 8000, 7100 ⟶ ☐ ☐ ☐ ☐

c) 6200, 9100, 4300, 1500 ⟶ ☐ ☐ ☐ ☐

d) 8430, 8410, 8400, 8490 ⟶ ☐ ☐ ☐ ☐

e) 5620, 7610, 8010, 2950 ⟶ ☐ ☐ ☐ ☐

f) 8452, 9362, 2743, 8523 ⟶ ☐ ☐ ☐ ☐

❷ Trage richtig ein.

6654	3467	9362	3347	8579	10 000
1242	4999	7183	2015	5901	888

a) Welche Zahlen liegen zwischen 3000 und 5000? ☐ ☐ ☐

b) Welche Zahlen liegen zwischen 5000 und 8000? ☐ ☐ ☐

c) Welche Zahlen sind kleiner als 3000? ☐ ☐ ☐

d) Welche Zahlen sind größer als 8000? ☐ ☐ ☐

Die Addition

1 Wie heißen die Plusaufgaben? Rechne sie aus.

a)
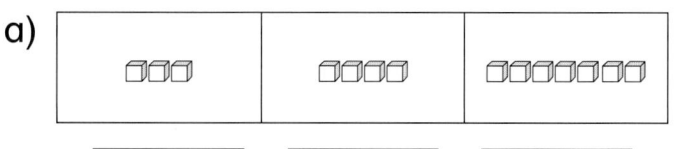

[　　　] + [　　　] = [　　　]

b)
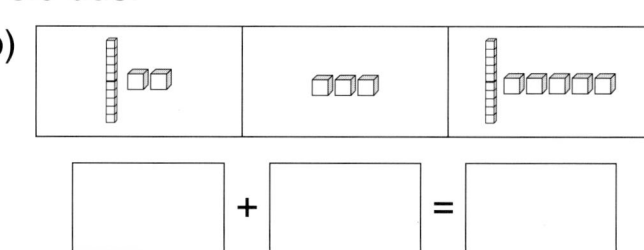

[　　　] + [　　　] = [　　　]

c)
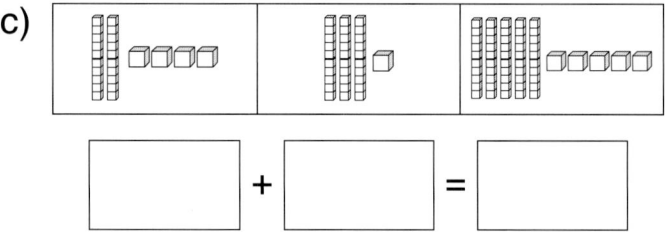

[　　　] + [　　　] = [　　　]

d)
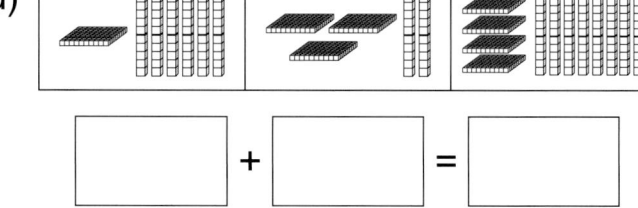

[　　　] + [　　　] = [　　　]

e)
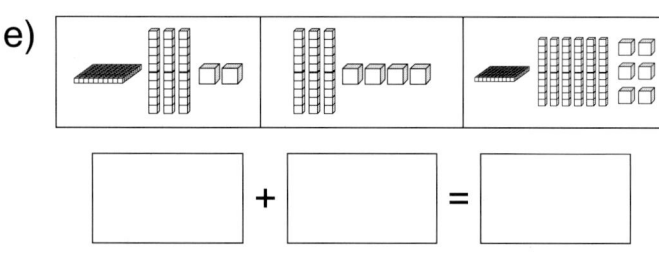

[　　　] + [　　　] = [　　　]

f)
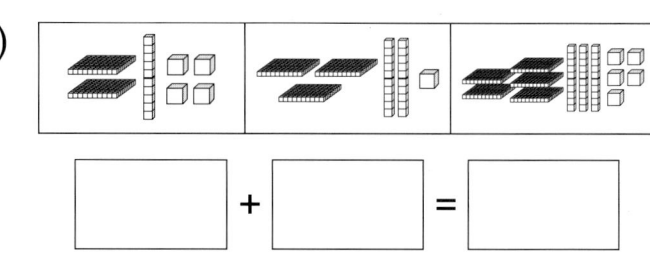

[　　　] + [　　　] = [　　　]

2 Rechne die Aufgaben aus.

a)
2 + 7 = _____

4 + 6 = _____

3 + 4 = _____

4 + 7 = _____

8 + 5 = _____

14 + 1 = _____

12 + 5 = _____

18 + 2 = _____

19 + 3 = _____

b)
16 + 5 = _____

19 + 7 = _____

40 + 20 = _____

30 + 60 = _____

50 + 50 = _____

90 + 60 = _____

23 + 45 = _____

55 + 31 = _____

46 + 25 = _____

c)
300 + 100 = _____

500 + 200 = _____

700 + 500 = _____

800 + 300 = _____

567 + 2 = _____

348 + 5 = _____

237 + 41 = _____

639 + 52 = _____

173 + 516 = _____

Gellner/Petersen: Fit in den schriftlichen Rechenverfahren, Band 1
© Persen Verlag GmbH, Buxtehude

Die Subtraktion

❶ Wie heißen die Minusaufgaben? Rechne sie aus.

a)
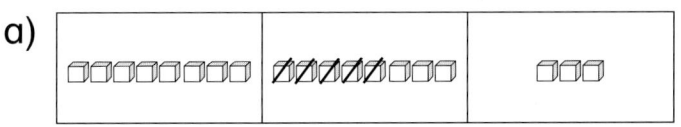

$\boxed{} - \boxed{} = \boxed{}$

b)
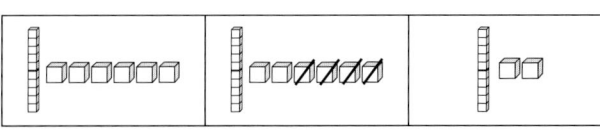

$\boxed{} - \boxed{} = \boxed{}$

c)
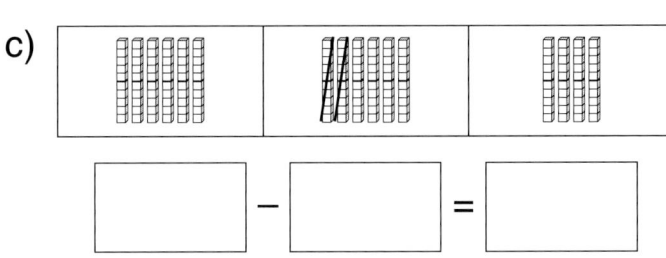

$\boxed{} - \boxed{} = \boxed{}$

d)
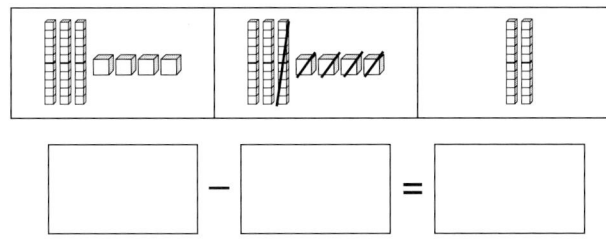

$\boxed{} - \boxed{} = \boxed{}$

e)
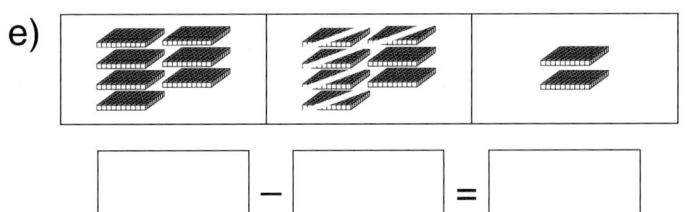

$\boxed{} - \boxed{} = \boxed{}$

f)
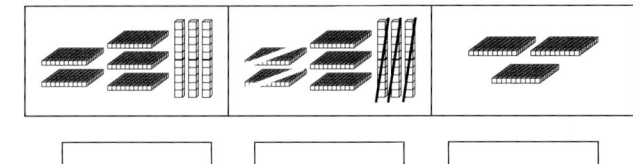

$\boxed{} - \boxed{} = \boxed{}$

❷ Rechne die Aufgaben aus.

a) $9 - 4 =$ _____

   $8 - 5 =$ _____

   $15 - 4 =$ _____

   $17 - 7 =$ _____

   $20 - 5 =$ _____

   $12 - 5 =$ _____

   $14 - 6 =$ _____

   $13 - 4 =$ _____

b) $60 - 20 =$ _____

   $50 - 30 =$ _____

   $100 - 70 =$ _____

   $77 - 5 =$ _____

   $43 - 6 =$ _____

   $52 - 4 =$ _____

   $95 - 45 =$ _____

   $88 - 22 =$ _____

c) $900 - 300 =$ _____

   $400 - 200 =$ _____

   $1000 - 500 =$ _____

   $1100 - 300 =$ _____

   $570 - 40 =$ _____

   $820 - 30 =$ _____

   $965 - 4 =$ _____

   $622 - 12 =$ _____

Der Überschlag 1

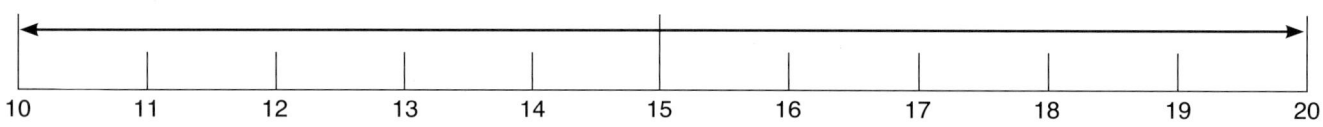

| 10 | 11 | 12 | 13 | 14 | 15 | 16 | 17 | 18 | 19 | 20 |

Merke:

Wir runden **ab**, wenn die rechte Nachbarzahl eine **1**, **2**, **3** oder **4** ist.

Wir runden **auf**, wenn die rechte Nachbarzahl eine **5**, **6**, **7**, **8** oder **9** ist.

Beispiele: Runde auf Zehner: 13 ≈ 10

                                                18 ≈ 20

❶ Runde auf Zehner.

Suche die nächstgelegene Zehnerzahl und verbinde sie mit einem Pfeil.

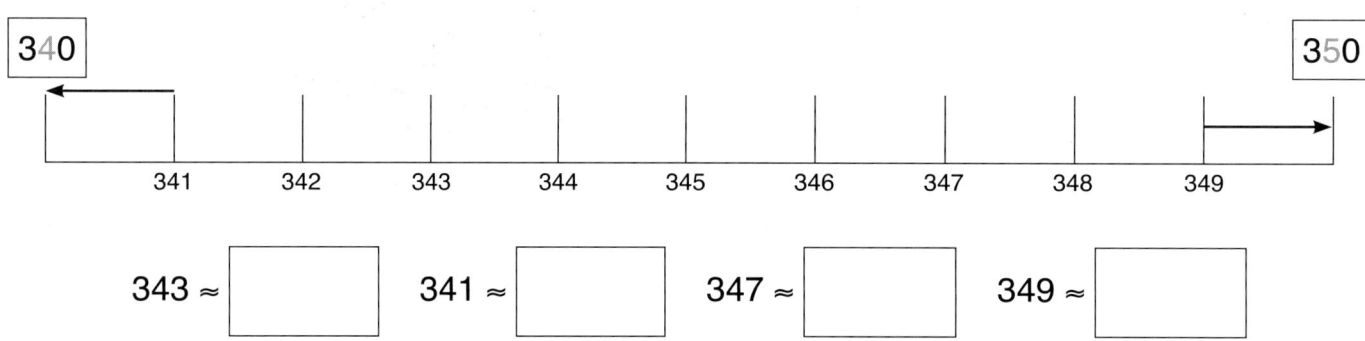

| 340 | | | | | | | | | | 350 |

| 341 | 342 | 343 | 344 | 345 | 346 | 347 | 348 | 349 |

343 ≈ ☐   341 ≈ ☐   347 ≈ ☐   349 ≈ ☐

❷ Welcher Zehner liegt näher?

Runde die Einerstelle immer auf die Zehnerstelle.

69 ≈ 70	623 ≈ 620	1738 ≈ 1740
㊸ ≈ 40	847 ≈ 850	4921 ≈ 4920
87 ≈ ☐	425 ≈ ☐	1947 ≈ ☐
32 ≈ ☐	913 ≈ ☐	3712 ≈ ☐
14 ≈ ☐	738 ≈ ☐	7359 ≈ ☐

a) Kreise alle Zahlen ein, die abgerundet wurden.

b) Unterstreiche alle Zahlen, die aufgerundet wurden.

Gellner/Petersen: Fit in den schriftlichen Rechenverfahren, Band 1
© Persen Verlag GmbH, Buxtehude

Der Überschlag 2

❶ Suche die nächstgelegene Hunderterzahl. Runde auf Hunderter!

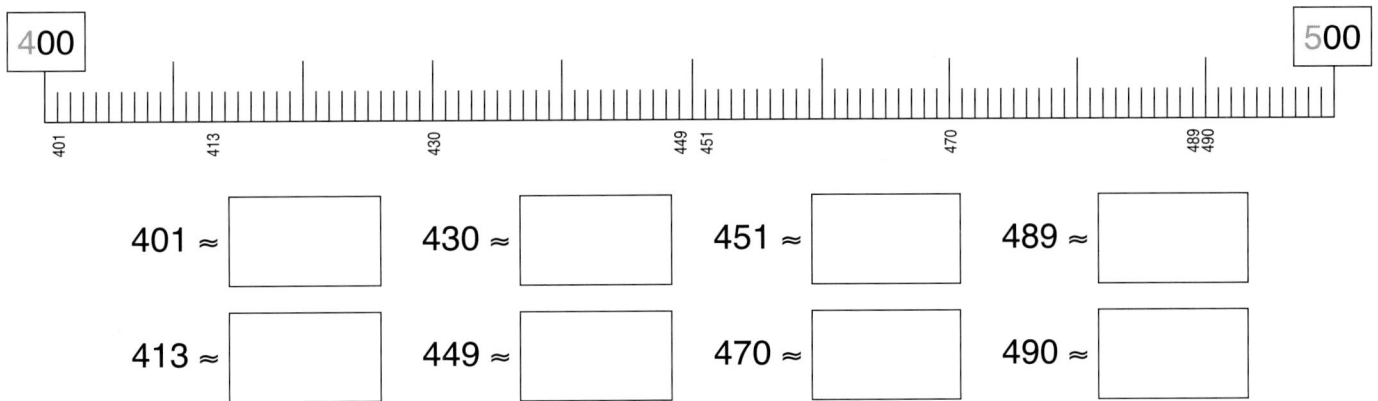

401 ≈ ☐   430 ≈ ☐   451 ≈ ☐   489 ≈ ☐

413 ≈ ☐   449 ≈ ☐   470 ≈ ☐   490 ≈ ☐

❷ Welcher Hunderter liegt näher? Runde auf Hunderter.

130 ≈ 100   673 ≈ 700   2641 ≈ 2600

160 ≈ ☐   897 ≈ ☐   6878 ≈ ☐

340 ≈ ☐   512 ≈ ☐   9534 ≈ ☐

480 ≈ ☐   755 ≈ ☐   3256 ≈ ☐

790 ≈ ☐   444 ≈ ☐   4762 ≈ ☐

920 ≈ ☐   272 ≈ ☐   1327 ≈ ☐

a) Kreise alle Zahlen ein, die abgerundet wurden.
b) Unterstreiche alle Zahlen, die aufgerundet wurden.

❸ Moritz und Marie überschlagen folgende Aufgabe: 461 + 514

Moritz überschlägt: 500 + 500 = 1000

Marie überschlägt: 460 + 510 = 970

Welcher Überschlag ist genauer?

◯ Moritz

◯ Marie

① Lasse geht einkaufen.
Er nimmt 10 € mit.
Kann er alles von der Liste
kaufen?
Überprüfe durch eine
Überschlagsrechnung.
Runde auf ganze Euro.

Bäckerei Müller		
1 Laib Brot	3,20 €	≈ 3,00 €
10 Brötchen	3,80 €	≈
1 Stück Kuchen	1,30 €	≈
1 Liter Milch	0,90 €	≈

② Lotta geht einkaufen.
Sie nimmt 38 € mit.
Kann sie alles von der Liste
kaufen?
Überprüfe durch eine
Überschlagsrechnung.
Runde auf ganze Euro.

Schreibwaren Meyer		
Radiergummi	1,99 €	≈ 2,00 €
10 Hefte	4,32 €	≈
Farbkasten	10,25 €	≈
Füller	23,98 €	≈

③ Familie Rück war im Skiurlaub.
Wie viel Geld hat Familie Rück
ungefähr ausgegeben?
Runde auf ganze Euro.

Hotel	489,99 €	≈
Skipass	210,12 €	≈
Restaurants	200,49 €	≈
Neue Skier	399,71 €	≈
Sonstiges	155,39 €	≈

④ Beim letzten Schulfest kamen etwa 400 Gäste.
Die Zahl wurde auf den Hunderter gerundet.
Wie viele Gäste könnten es genau gewesen sein?
Schreibe 4 Möglichkeiten auf.

Gellner/Petersen: Fit in den schriftlichen Rechenverfahren, Band 1
© Persen Verlag GmbH, Buxtehude

Felix und Nina zählen **halbschriftlich** zusammen (addieren). Vergleiche.
Wie würdest du rechnen?

Felix

H	Z	E		H	Z	E		H	Z	E
3	1	2	+	2	1	7	=			
3	1	2	+	2	0	0	=	5	1	2
5	1	2	+		1	0	=	5	2	2
5	2	2	+			7	=	5	2	9
3	1	2	+	2	1	7	=	5	2	9

Nina

H	Z	E		H	Z	E		H	Z	E
3	1	2	+	2	1	7	=			
3	0	0	+	2	0	0	=	5	0	0
	1	0	+		1	0	=		2	0
		2	+			7	=			9
3	1	2	+	2	1	7	=	5	2	9

❶ Rechne wie Felix oder Nina.

a)

H	Z	E		H	Z	E		H	Z	E
4	1	3	+	1	2	4	=			
			+				=			
			+				=			
			+				=			
4	1	3	+	1	2	4	=			

b)

H	Z	E		H	Z	E		H	Z	E
1	4	6	+	3	1	2	=			
			+				=			
			+				=			
			+				=			
1	4	6	+	3	1	2	=			

c)

H	Z	E		H	Z	E		H	Z	E
5	3	1	+	4	5	2	=			
			+				=			
			+				=			
			+				=			
5	3	1	+	4	5	2	=			

d)

H	Z	E		H	Z	E		H	Z	E
2	5	4	+	1	3	2	=			
			+				=			
			+				=			
			+				=			
2	5	4	+	1	3	2	=			

e)

H	Z	E		H	Z	E		H	Z	E
2	4	2	+	3	4	3	=			
			+				=			
			+				=			
			+				=			
2	4	2	+	3	4	3	=			

f)

H	Z	E		H	Z	E		H	Z	E
4	4	4	+	5	5	5	=			
			+				=			
			+				=			
			+				=			
4	4	4	+	5	5	5	=			

Rechne schriftlich: 23 + 14

Merke:
Einer unter Einer, Zehner unter Zehner. Beginne immer bei den Einern!

	Z	E
	▯ (1 Zehnerstange)	▯▯▯ (3 Einer)
+	▯ (1 Zehnerstange)	▯▯▯▯ (4 Einer)
	▯▯▯ (3 Zehnerstangen)	▯▯▯▯▯▯▯ (7 Einer)

	Z	E
	2	3
+	1	4
	3	**7**

Ich spreche und schreibe:

4 E plus 3 E ist gleich 7 E,
ich notiere **7 E.**

1 Z plus 2 Z ist gleich 3 Z,
ich notiere **3 Z.**

---

❶ Die Lösungsschritte der folgenden Aufgabe sind durcheinandergeraten. Ordne richtig. Trage dazu die Zahlen 1, 2 und 3 in die Kreise ein.

◯ 2 Z plus 3 Z ist gleich 5 Z, ich notiere 5 Z.

◯ 5 E plus 2 E ist gleich 7 E, ich notiere 7 E.

◯ 4 H plus 1 H ist gleich 5 H, ich notiere 5 H.

	H	Z	E
	1	3	2
+	4	2	5
	5	5	7

---

❷ Fülle alle Lücken aus.

a) 3 E plus 4 E ist gleich ☐ E, ich notiere ☐ E.

b) 6 Z plus 2 Z ist gleich ☐ Z, ich notiere ☐ Z.

c) ☐ H plus 5 H ist gleich 6 H, ich notiere 6 H.

	H	Z	E
		2	
+	1		3

Gellner/Petersen: Fit in den schriftlichen Rechenverfahren, Band 1
© Persen Verlag GmbH, Buxtehude

Einer-, Zehner- und Hunderterzahlen

❶ Rechne schriftlich.

a)

	E			E			E			E			E			E
	2			6			1			3			7			8
+	4		+	3		+	4		+	5		+	2		+	1

b)

	Z	E			Z	E			Z	E			Z	E			Z	E			Z	E
	1	0			4	0			3	0			2	0			4	0			2	0
+	5	0		+	3	0		+	3	0		+	5	0		+	1	0		+	6	0

c)

	H	Z	E			H	Z	E			H	Z	E			H	Z	E			H	Z	E
	3	0	0			1	0	0			5	0	0			4	0	0			2	0	0
+	4	0	0		+	1	0	0		+	4	0	0		+	4	0	0		+	2	0	0

❷ Ergänze fehlende Ziffern.

	H	Z	E			H	Z	E			H	Z	E			H	Z	E			H	Z	E
			6			3		0					0			1		0					0
+					+	4	0	0		+		7	0		+		0	0		+	7	0	0
			8				0	0			9		0			6	0	0			8	0	0

❸ Trage ein: 3 Mädchen zählen ihr gespartes Geld.

Lina: 20 Euro

Marie: 30 Euro

Rania: 40 Euro

Wie viele Euro haben sie zusammen?

	Z	E
+		
+		

❶ Verbinde die jeweiligen Lösungsschritte mit der dazugehörigen Aufgabe.

2 E plus 6 E ist gleich 8 E,
ich notiere 8 E.

Ich notiere 7 Z.

	Z	E
	2	4
+	3	3
	5	7

4 E plus 5 E ist gleich 9 E,
ich notiere 9 E.

Ich notiere 8 Z.

	Z	E
	7	6
+		2
	7	8

3 E plus 4 E ist gleich 7 E,
ich notiere 7 E.

3 Z plus 2 Z ist gleich 5 Z.
Ich notiere 5 Z.

	Z	E
		5
+	8	4
	8	9

❷ Addiere die Zahlen.

a)

	Z	E
		4
+	6	2

b)

	Z	E
	5	3
+		6

c)

	Z	E
	2	6
+	6	2

d)

	Z	E
	4	0
+	5	3

Gellner/Petersen: Fit in den schriftlichen Rechenverfahren, Band 1
© Persen Verlag GmbH, Buxtehude

Übungen: ZE + E, ZE + ZE

❶ Überschlage zuerst. Berechne dann das genaue Ergebnis. Kann dein
Ergebnis stimmen? Vergleiche mit dem Ergebnis der Überschlagsrechnung.

a)

	Z	E		Z	E		Z	E		Z	E		Z	E		Z	E
	2	4			3		5	0			3		4	1			3
+		5	+	8	1	+		2	+	7	5	+		4	+	6	4

Überschlag: _____ _____ _____ _____ _____ _____

b)

	Z	E		Z	E		Z	E		Z	E		Z	E		Z	E
	2	8		3	4		6	3		4	2		2	3		5	3
+	5	1	+	1	4	+	2	0	+	5	3	+	7	4	+	3	5

Überschlag: _____ _____ _____ _____ _____ _____

c)

	Z	E		Z	E		Z	E		Z	E		Z	E		Z	E
	5	0		6	6		4	6		1	3		7	2		3	2
+	1	5	+	2	1	+	2	3	+	7	0	+	2	7	+	1	0

Überschlag: _____ _____ _____ _____ _____ _____

❷ Ergänze fehlende Ziffern.

	Z	E		Z	E		Z	E		Z	E		Z	E		Z	E
		5		8	7		1	3		2	8			4		7	
+	5	3	+		2	+	3	4	+			+	4	2	+	1	4
		8					4				9		9	6			8
	Z	E		Z	E		Z	E		Z	E		Z	E		Z	E
		2		6	7		2	9			3			3		6	
+	2	2	+		2	+		0	+		5	+			+	3	1
		4					5			3	8		8	4			3

Anwendung: ZE + E, ZE + ZE

❶ Schreibe untereinander und addiere. Überschlage zuerst.

a) 32 + 56   b) 73 + 15   c) 5 + 64   d) 35 + 34   e) 73 + 4

❷ Melina war am Wochenende inlinern.
Wie viele Kilometer ist sie insgesamt gefahren?

Samstag: 12 km
Sonntag: 13 km

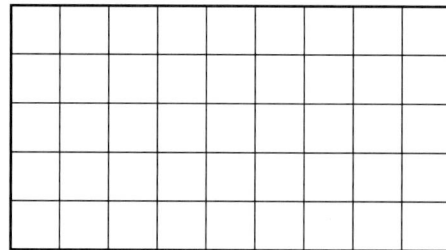

Antwort: _____

❸ a) Wie viel haben die Geschwister jeweils gespart? Rechne aus.
Lena (46 €) und Nina (32 €)
Fatima (53 €) und Mehmet (24 €)
Mia (65 €) und Ole (14 €)

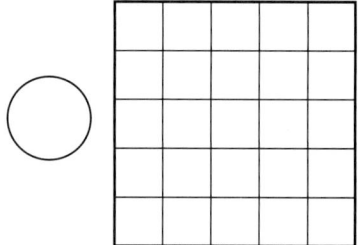

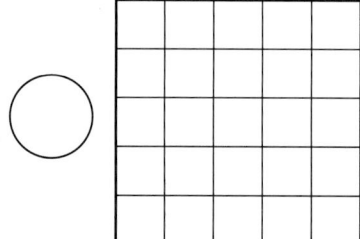

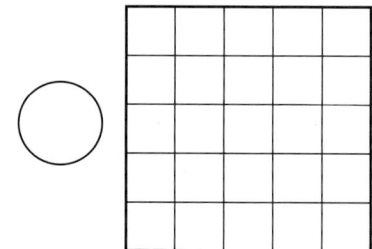

b) Welches Geschwisterpaar hat am meisten gespart?
Ordne die Ersparnisse der Größe nach:
Trage die Zahlen 1, 2 und 3 in die Kreise ein.
Beginne mit dem größten Betrag.

Gellner/Petersen: Fit in den schriftlichen Rechenverfahren, Band 1
© Persen Verlag GmbH, Buxtehude

❶ Zu welchen Aufgaben gehören die Lösungsschritte?
Verbinde und trage die fehlenden Zahlen ein.

	H	Z	E
	5	4	3
+			6
	5	4	9

	H	Z	E
	5	4	2
+			1
+			4
+			2
	5	4	9

	H	Z	E
			3
+			4
+	5	4	2
	5	4	9

	H	Z	E
			8
+	5	4	1
	5	4	9

2 E plus ☐ E plus ☐ E
ist gleich 9 E,
ich notiere 9 E.

Ich notiere 4 Z.
Ich notiere 5 H.

2 E plus ☐ E plus ☐ E
plus ☐ E ist gleich 9 E,
ich notiere 9 E.

Ich notiere 4 Z.
Ich notiere 5 H.

❷ Addiere die Zahlen.

a)

	H	Z	E
	7	9	3
+			2

b)

	H	Z	E
	2	5	1
+			6
+			2

c)

	H	Z	E
			2
+			4
+			1
+	6	7	1

Übungen: HZE + E

❶ Überschlage zuerst. Berechne dann das genaue Ergebnis. Kann dein Ergebnis stimmen? Vergleiche mit dem Ergebnis der Überschlagsrechnung.

a)

	H	Z	E		H	Z	E		H	Z	E		H	Z	E
	2	4	6				3				1		6	2	3
+			3	+			2	+			1	+			2
				+	9	4	2	+			1	+			4
								+	4	2	5				

Überschlag: _____ _____ _____ _____

b)

	H	Z	E		H	Z	E		H	Z	E		H	Z	E
			7		3	0	1				1		5	0	3
+			2	+			3	+			4	+			2
+	1	7	0	+			1	+	9	9	0	+			1
				+			3	+			1				
								+			3				

Überschlag: _____ _____ _____ _____

❷ Ergänze fehlende Ziffern.

		6	░	3		3	1	░		░	2	1		6	░	7		░	░	1
	+			5	+			2	+			░	+			0	+			5
		6	4	░		3	1	8		5	2	4		6	0	░		1	2	6

			4				2				1				1			░	
	+	4	░	3	+	6	5	░	+	░	9	8	+	░	░	░	+	8	░	4
		4	5	7		6	░	4		9	9	░		7	3	4		░	0	7

❸ Einige der Ergebnisse sind falsch. Rechne nach und korrigiere.

			4				8				6				5				3
+	7	4	3	+	5	3	1	+	8	0	2	+	9	6	3	+	1	9	2
	7	4	6		5	3	7		8	1	8		9	6	8		1	9	7

Gellner/Petersen: Fit in den schriftlichen Rechenverfahren, Band 1
© Persen Verlag GmbH, Buxtehude

Anwendung: HZE + E

❶ Schreibe untereinander und addiere schriftlich. Überschlage zuerst.

a) 351 + 5 + 2   b) 1 + 4 + 3 + 760   c) 543 + 3 + 3   d) 822 + 2 + 3 + 2

❷ Prüfe, welches Hotel das günstigste Angebot hat.
Überschlage zuerst. Berechne dann das genaue Ergebnis.
Kann dein Ergebnis stimmen? Vergleiche mit dem Ergebnis
der Überschlagsrechnung.

Hotel zur Post	
2 Übernachtungen:	122 €
1 Tasse Kaffee:	2 €
1 Stück Kuchen:	2 €
Kurbeitrag pro Tag:	1 €

Hotel Nordseeblick	
1 Tasse Kaffee:	2 €
1 Stück Kuchen:	3 €
Kurbeitrag pro Tag:	1 €
2 Übernachtungen:	120 €

Hotel über dem Deich	
Kurbeitrag pro Tag:	1 €
2 Übernachtungen:	124 €
1 Tasse Kaffee:	2 €
1 Stück Kuchen:	2 €

Antwort: _____

HZE + ZE, HZE + HZE

❶ Die Lösungsschritte sind unvollständig. Fülle die Lücken aus.

	H	Z	E
		5	7
+	6	4	2
	6	9	9

2 ⬜ plus ⬜ E ist gleich ⬜ E, ich notiere ⬜ E.

4 Z plus ⬜ Z ist gleich ⬜ Z, ich notiere ⬜ Z.

Ich notiere ⬜ H.

	H	Z	E
	2	1	3
+	5	4	2
+	1	2	4
	8	7	9

⬜ E plus 2 ⬜ plus 3 E ist gleich 9 ⬜,
ich notiere ⬜ E.

2 ⬜ plus 4 Z plus ⬜ Z ist gleich ⬜ Z,
ich notiere 7 ⬜.

1 H plus ⬜ H plus 2 ⬜ ist gleich 8 ⬜,
ich notiere ⬜ H.

	H	Z	E
	⬜	5	2
+	1	0	⬜
+	4	⬜	4
	⬜	⬜	⬜

⬜ E plus 1 E plus 2 E ist gleich 7 ⬜,
ich notiere 7 E.

3 Z plus 0 Z plus ⬜ Z ist gleich ⬜ Z,
ich notiere 8 ⬜.

⬜ H plus 1 H plus 1 H ist gleich 6 ⬜,
ich notiere ⬜ H.

28   Gellner/Petersen: Fit in den schriftlichen Rechenverfahren, Band 1
© Persen Verlag GmbH, Buxtehude

Übungen: HZE + ZE

❶ Bilde 5 Plusaufgaben aus den Zahlen. Rechne schriftlich aus.

(743)   (35)   (124)   (52)

(leeres Rechenfeld)

❷ Ergänze fehlende Ziffern.

H	Z	E		H	Z	E		H	Z	E		H	Z	E		H	Z	E
4	▩	7			2	1		▩	6	2		2	5	0			▩	2
+	2	2	+	1	5	▩	+	2	0	▩	+	1	2	4	+	4	3	5
4	3	▩		1	7	6		6	6	6	+	2	0	▩	+	▩	0	1
											+		▩	1	+		1	1
												▩	8	7		8	6	▩

❸ Einige der Ergebnisse sind falsch. Rechne nach und korrigiere.

H	Z	E		H	Z	E		H	Z	E		H	Z	E		H	Z	E
1	0	9		4	6	3		3	7	2		6	2	0		7	4	4
+	4	7	0	+		1	2	+	6	0	4	+		4	1	+	1	5	3
5	7	9		4	7	4		8	7	7		6	6	1		8	8	7

H	Z	E		H	Z	E		H	Z	E		H	Z	E		H	Z	E
	8	1		7	0	7			1	0		1	4	1			9	1
+	3	1	7	+	2	1	2	+	9	8	9	+	1	2	3	+	7	0	1
3	9	8		8	1	9		9	9	9		2	6	5		7	9	2

❶ Nicki möchte sich eine Spielekonsole und 2 Spiele kaufen. Im Internet findet er 3 verschiedene Angebote. Welches ist das günstigste Angebot? Markiere.

Angebot 1:
Konsole 221 €
2 Spiele   78 €

Angebot 2:
Konsole 201 €
2 Spiele   97 €

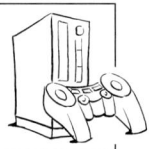

Angebot 3:
Konsole 186 €
2 Spiele 111 €

❷ Die Schüler der Klasse M1 der Astrid-Lindgren-Schule in Limbach haben letzte Woche an den Bundesjugendspielen teilgenommen.
Berechne jeweils ihre Gesamtpunktzahl.
Trage diese in die Tabelle ein.
Wer hat die meisten Punkte?

Name	100-m-Lauf	Ballwurf	Weitsprung	Gesamtpunktzahl
Luisa	213	202	364	
Alisha	52	301	316	
Kim	53	230	110	
Celine	253	131	215	
Tom	355	321	122	
Calvin	304	92	103	
Joel	317	311	310	
Lukas	200	88	111	

Gellner/Petersen: Fit in den schriftlichen Rechenverfahren, Band 1
© Persen Verlag GmbH, Buxtehude

Schreib- und Sprechweise

Rechne schriftlich: 25 + 6

Achtung:
Einer unter **E**iner, **Z**ehner unter **Z**ehner.

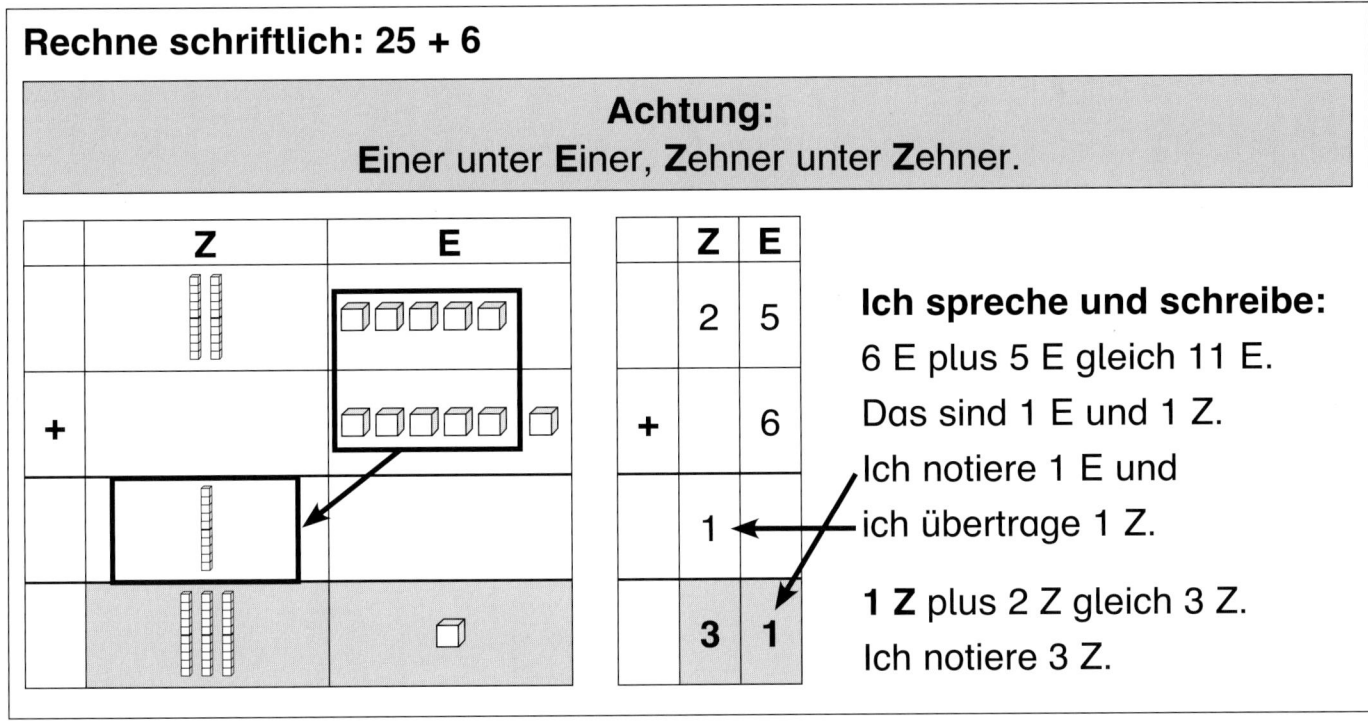

	Z	E
	2	5
+		6
	1	
	3	**1**

Ich spreche und schreibe:

6 E plus 5 E gleich 11 E.

Das sind 1 E und 1 Z.

Ich notiere 1 E und

ich übertrage 1 Z.

1 Z plus 2 Z gleich 3 Z.

Ich notiere 3 Z.

---

❶ Die Lösungsschritte der folgenden Aufgabe sind durcheinandergeraten.
Ordne richtig. Trage dazu die Zahlen 1, 2 und 3 in die Kreise ein.

◯ 1 Z plus 5 Z plus 7 Z ist gleich 13 Z, das sind
3 Z und **1 H**, ich notiere 3 Z, ich übertrage **1 H**.

◯ 8 E plus 4 E ist gleich 12 E, das sind
2 E und **1 Z**, ich notiere 2 E, ich übertrage **1 Z**.

◯ **1 H** plus 1 H plus 2 H ist gleich 4 H,
ich notiere 4 H.

	H	Z	E
	2	7	4
+	1	5	8
		1	1
	4	3	2

❶ Verbinde die jeweiligen Lösungsschritte mit der dazugehörigen Aufgabe.

6 E plus 9 E ist gleich 15 E,
das sind 5 E und **1 Z**,
ich notiere 5 E, ich übertrage **1 Z**.

1 Z plus 6 Z ist gleich 7 Z,
ich notiere 7 Z.

	Z	E
	3	5
+	2	8
	1	
	6	3

2 E plus 9 E ist gleich 11 E,
das sind 1 E und **1 Z**,
ich notiere 1 E, ich übertrage **1 Z**.

1 Z plus 2 Z plus 9 Z ist gleich 12 Z,
das sind 2 Z und 1 H,
ich notiere 2 Z, ich übertrage **1 H**.

Ich notiere **1 H**.

	Z	E
	6	9
+		6
	1	
	7	5

8 E plus 5 E ist gleich 13 E,
das sind 3 E und **1 Z**,
ich notiere 3 E, ich übertrage **1 Z**.

1 Z plus 2 Z plus 3 Z ist gleich 6 Z,
ich notiere 6 Z.

	H	Z	E
		9	9
+		2	2
	1	1	
	1	2	1

❷ Addiere schriftlich.

a)

	Z	E
		6
+	8	8

b)

	Z	E
	3	9
+		9

c)

	Z	E
	2	6
+	5	5

d)

	H	Z	E
		4	6
+		7	8

Gellner/Petersen: Fit in den schriftlichen Rechenverfahren, Band 1
© Persen Verlag GmbH, Buxtehude

Übungen: ZE + E, ZE + ZE

❶ Überschlage zuerst. Berechne dann das genaue Ergebnis. Kann dein Ergebnis stimmen? Vergleiche mit dem Ergebnis der Überschlagsrechnung.

a)

Z	E		Z	E		Z	E		Z	E		Z	E		Z	E
2	7			9		5	6		7	8		2	5		4	3
+ 2	7		+ 8	9		+	6		+	8		+ 3	6		+ 2	9

Überschlag: _____ _____ _____ _____ _____ _____

b)

Z	E		Z	E		Z	E		Z	E		Z	E		Z	E
	8		6	4		3	3			8		4	6		2	6
+ 5	2		+ 1	7		+ 3	9		+ 4	5		+ 2	9		+ 6	8

Überschlag: _____ _____ _____ _____ _____ _____

c)

H	Z	E		H	Z	E		H	Z	E		H	Z	E		H	Z	E
	5	8			4	3			5	6			9	5			8	3
+	5	3		+	9	8		+	7	2		+	7	0		+	3	7

Überschlag: _____ _____ _____ _____ _____

❷ Ergänze fehlende Ziffern und Überträge.

a)

Z	E
	5
+ 6	
1	
	2

b)

Z	E
5	7
+	7
1	

c)

Z	E
	5
+ 3	8
6	

d)

Z	E
3	8
+	
1	
	2

e)

Z	E
+ 4	9
1	
8	4

f)

H	Z	E
		8
+	8	6
1	1	
	0	4

g)

H	Z	E
	9	4
+		8
	1	

h)

H	Z	E
	8	
+		7
1	1	
	4	4

i)

H	Z	E
		9
+		
	1	
1	0	8

Anwendung: ZE + E, E + ZE, ZE + ZE

❶ Schreibe untereinander und addiere. Überschlage zuerst.

a) 44 + 27   b) 46 + 76   c) 9 + 85   d) 63 + 67   e) 53 + 39

❷ Mehmet und Julia machen eine mehrtägige Radtour mit Übernachtung.
Wie viele Kilometer waren die beiden am Wochenende unterwegs?

Samstag: 48 km
Sonntag: 54 km

Antwort: _____

❸ Welches Geschwisterpaar hat am meisten gespart?
Ordne die Ersparnisse der Größe nach:
Trage die Zahlen 1, 2 und 3 in die Kreise ein.
Beginne mit dem kleinsten Betrag.

Jelena (88 €) und Oxana (64 €)
Lara (99 €) und Anna (58 €)
Max (74 €) und Peter (39 €)

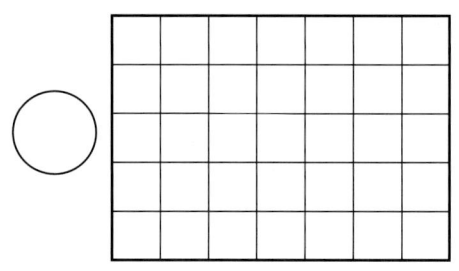 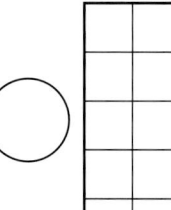 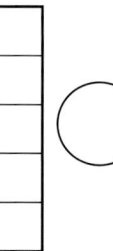 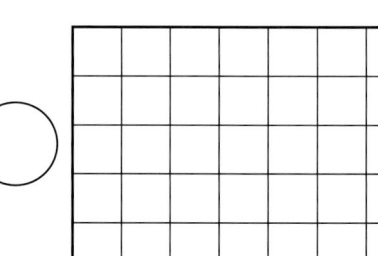

HZE + E

❶ Zu welcher Aufgabe gehören die Lösungsschritte? Markiere.

	H	Z	E
	1	2	5
+			9
		1	
	1	3	4

	H	Z	E
	5	4	7
+			1
+			4
+			5
		1	
	5	5	7

	H	Z	E
			1
+			4
+	3	0	5
		1	
	3	1	0

	H	Z	E
			9
+	8	9	2
	1	1	
	9	0	1

5 E plus 4 E plus 1 E ist gleich 10 E,

das sind 0 E und **1 Z**,

ich notiere 0 E, ich übertrage **1 Z**.

1 Z + 0 Z ist gleich 1 Z,

ich notiere 1 Z.

Ich notiere 3 H.

Wie lautet die Sprechweise für die anderen Aufgaben?
Sprich einem Partner vor.

❷ Addiere schriftlich.

a)

	H	Z	E
	4	9	8
+			7

b)

	H	Z	E
	2	4	6
+			8
+			3

c)

	H	Z	E
			2
+			4
+			7
+	6	5	1

Übungen: HZE + E

❶ Überschlage zuerst. Berechne dann das genaue Ergebnis. Kann dein Ergebnis stimmen? Vergleiche mit dem Ergebnis der Überschlagsrechnung.

a)

	H	Z	E				H	Z	E				H	Z	E				H	Z	E	
	3	3	5						7						6				6	9	1	
+			9		+				6		+				8		+				2	
					+	5	0	1			+				2		+				7	
											+	8	7	3							

Überschlag: _____ _____ _____ _____

b)

	H	Z	E				H	Z	E				H	Z	E				H	Z	E	
			7			2	0	4						1			2	8	9		
+			2		+			3		+				9		+				9	
+	9	6	9		+			3		+	1	9	3			+				1	
					+			3		+				1							
										+				2							

Überschlag: _____ _____ _____ _____

❷ Ergänze fehlende Ziffern und Überträge.

a)

	H	Z	E
	4	0	5
+			6
	4		1

b)

	H	Z	E
			6
+			5
+		0	1
		1	
	6		

c)

	H	Z	E
			4
+			5
+			2
+	7		1
		1	
			4

d)

	H	Z	E
	7	9	
+			3
+			5
	1		
	8	0	0

e)

	H	Z	E
+			6
+	1		7
		1	
		3	9

f)

	H	Z	E
	5	0	3
+			8
+			
+			1
		1	
			4

g)

	H	Z	E
			1
+			
+			5
+	8		1
	1	1	
		0	0

h)

	H	Z	E
			3
+			9
+			6
		1	
	3	8	8

Gellner/Petersen: Fit in den schriftlichen Rechenverfahren, Band 1
© Persen Verlag GmbH, Buxtehude

❶ Schreibe untereinander und addiere schriftlich. Überschlage zuerst.

a) 255 + 9 + 5　　b) 1 + 3 + 8 + 290　　c) 421 + 9 + 9　　d) 881 + 2 + 7 + 6

❷ Welches Geschäft hat das günstigste Angebot?

a) Beantworte die Frage durch eine Überschlagsrechnung.

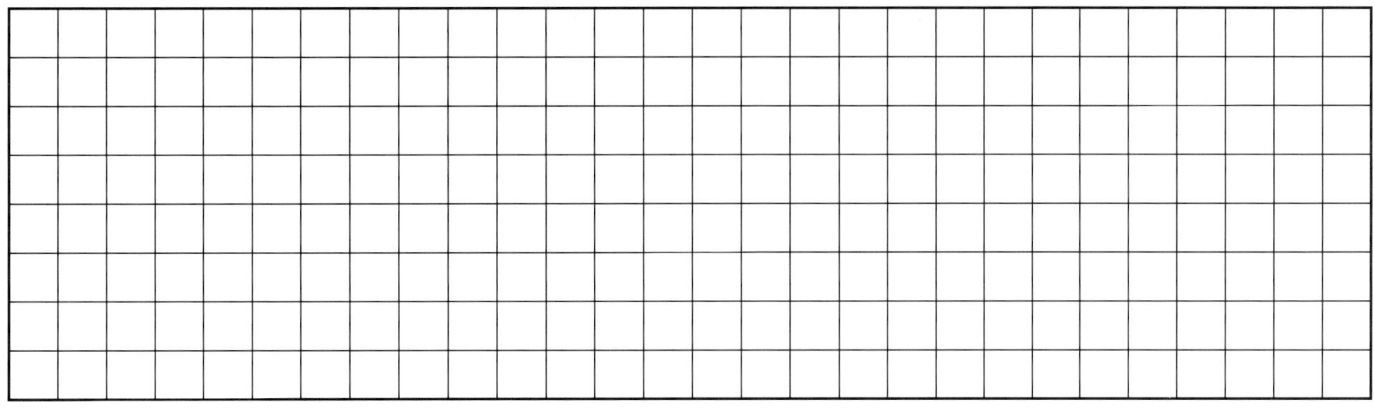

Elektro Möller	
LCD-TV Samsung:	750 €
Scart-Kabel:	9 €
Antennenkabel:	8 €
Batterien:	2 €

Elektromarkt Hartwig	
Antennenkabel:	7 €
Batterien:	3 €
Scart-Kabel:	4 €
LCD-TV Samsung:	754 €

Rehm Electronics	
Batterien:	6 €
LCD-TV Samsung:	740 €
Antennenkabel:	9 €
Scart-Kabel:	3 €

Überschlag: _____　　Überschlag: _____　　Überschlag: _____

Antwort: _____

b) Berechne nun die genauen Gesamtpreise schriftlich.

❶ Die Lösungsschritte sind unvollständig. Fülle die Lücken aus.

	H	Z	E
	5	3	7
+		7	4
	1	1	
	6	1	1

4 ☐ plus ☐ E ist gleich ☐ E,

das sind 1 E und 1 ☐,

ich notiere ☐ E, ich übertrage 1 Z.

1 Z plus 7 Z plus 3 Z ist gleich ☐ Z,

das sind 1 ☐ und 1 H,

ich notiere 1 ☐, ich übertrage 1 H.

1 H plus ☐ H ist gleich 6 H,

ich notiere ☐ H.

	H	Z	E
	4	2	3
	3	5	9
+	1	4	9
	1	2	
	9	3	1

☐ E plus 9 ☐ plus 3 E ist gleich 21 ☐,

das sind ☐ E und 2 Z,

ich notiere 1 E, ich übertrage 2 Z.

2 ☐ plus 4 Z plus 5 Z plus 2 Z ist gleich ☐ Z,

das sind 3 Z und 1 ☐,

ich notiere 3 ☐, ich übertrage 1 ☐.

1 H plus 1 H plus 3 H plus 4 H ist gleich 9 ☐,

ich notiere ☐ H.

Aufgepasst! 21 E sind 1 E und **2 Z**. Du musst 1 E notieren und **2 Z übertragen!**

❶ Bilde 5 Plusaufgaben aus den Zahlen. Rechne schriftlich aus.

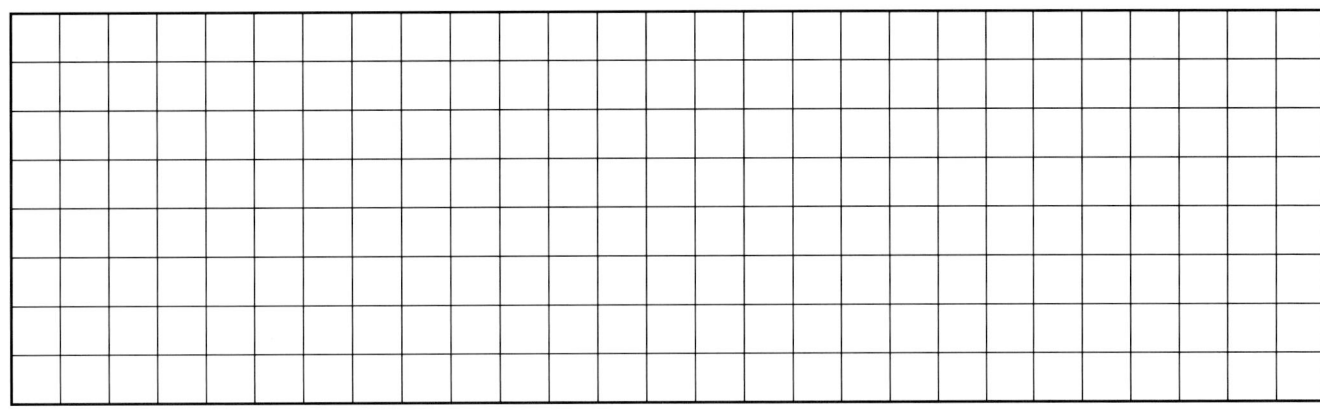

(656) (56) (284) (71)

❷ Ergänze fehlende Ziffern.

a)

H	Z	E
6		8
+ 2	5	3
		1
9	1	

b)

H	Z	E
3	7	
+ 2	4	8
+ 1		4
+		9	9
	2	
		2	1

c)

H	Z	E
	8	8
+		0	2
+		5	5
+		6	7
+		1	3
	2	
	3		5

d)

T	H	Z	E
	9	8	
+	7	5	5
		1	1
	7		1

❸ Die Ergebnisse der folgenden Aufgaben sind falsch. Korrigiere.

a)

H	Z	E
8	3	8
+		8	8
	1	1
8	2	7

b)

H	Z	E
	4	3
+ 1	0	0
+ 6	8	8
+		8	9
	2	2
9	3	0

c)

H	Z	E
4	6	6
+		2	9
+ 1	0	9
+		7	1
+ 2	4	0
	2	2
7	1	4

d)

T	H	Z	E
	8	9	3
+	6	0	0
+		8	8
+		1	9
+		2	5
	1	2	2
1	6	1	5

❶ Die Schüler der Klasse H2 der Jim-Knopf-
Schule in Florstadt haben letzte Woche an den
Bundesjugendspielen teilgenommen.
Berechne jeweils ihre Gesamtpunktzahl.
Trage diese in die Tabelle ein.
Wer hat die meisten Punkte?

Name	100 m-Lauf	Ballwurf	Weitsprung	Gesamtpunktzahl
Eileen	319	209	367	
Kiara	87	375	98	
Ebru	63	287	62	
Vincent	253	185	264	
Olga	207	77	159	
Nikolai	375	366	309	
Hamid	306	95	179	
Erkan	397	391	385	
Paul	199	88	178	
Lucas	89	157	138	

❷ Rechne die Aufgaben schriftlich aus.
Male die Flaggen aus. Finde heraus, zu welchen Ländern die Flaggen
gehören. Schreibe den Namen zur Flagge.

533 = rot   804 = grün   614 = gelb
1294 = weiß   224 = blau   962 = schwarz

		25
459	76	+
+	+	109
94	59	+
+	+	99
409	479	+
		300

73		20
+	899	+
507	+	114
+	287	+
23	+	106
+	108	+
201		293

	905	15
34	+	+
+	281	119
109	+	+
+	50	49
81	+	+
	58	350

_____   _____   _____

Gellner/Petersen: Fit in den schriftlichen Rechenverfahren, Band 1
© Persen Verlag GmbH, Buxtehude

Sonderfälle mit Übertrag

ACHTUNG!

Achte immer darauf:

Einer stehen unter Einern!

Zehner stehen unter Zehnern!

Hunderter stehen unter Hundertern!

417 + 53

	H	Z	E
	4	1	7
+		5	3
		1	
	4	7	0

Ein Übertrag kann auch größer als 1 sein! Beispiel:

259 + 187 + 95

	H	Z	E
	2	5	9
+	1	8	7
+		9	5
	2	2	
	5	4	1

5 E + 7 E + 9 E = 21 E
Ich notiere 1 E, ich übertrage 2 Z.

2 Z + 9 Z + 8 Z + 5 Z = 24 Z
Ich notiere 4 Z, ich übertrage 2 H.

2 H + 1 H + 2 H = 5 H
Ich notiere 5 H.

Denke daran, auch Überträge in leere Stellen zu notieren! Beispiel:

99 + 99

	H	Z	E
		9	9
+		9	9
	1	1	
	1	9	8

9 E + 9 E = 18 E
Ich notiere 8 E, ich übertrage 1 Z.

1 Z + 9 Z + 9 Z = 19 Z
Ich notiere 9 Z, ich übertrage 1 H.

Ich notiere 1 H.

Zwischennullen nicht vergessen! Beispiel:

189 + 219

	H	Z	E
	1	8	9
+	2	1	9
	1	1	
	4	0	8

9 E + 9 E = 18 E
Ich notiere 8 E, ich übertrage 1 Z.

1 Z + 1 Z + 8 Z = 10 Z
Ich notiere 0 Z, ich übertrage 1 H.

1 H + 2 H + 1 H = 4 H

Ich notiere 4 H.

❶ Rechne schriftlich.

a) 756 + 97

b) 578 + 86

c) 99 + 99

d) 98 + 7

e) 87 + 94

f) 9 + 92

g) 91 + 9

h) 723 + 12 + 465

i) 189 + 298 + 78

❶ Notiere die Lösungsschritte.

ZT	T	H	Z	E
	5	4	5	2
+	4	1	9	9
+		5	1	9
	1	1	1	2
1	0	1	7	0

9 E plus 9 E plus 2 E ist gleich 20 E, das sind 0 E und **2 Z**, ich notiere 0 E, ich übertrage **2 Z**. 2 Z plus …

❷ Überschlage zuerst. Berechne dann das genaue Ergebnis. Kann dein Ergebnis stimmen? Vergleiche mit dem Ergebnis der Überschlagsrechnung.

a)

	T	H	Z	E
	2	4	5	6
+	2	2	2	9
+		9	9	9
+			1	0

	T	H	Z	E
	2	4	5	6
+	2	2	2	9

	T	H	Z	E
	1	0	8	8
+		1	7	9
+	8	0	0	1
+			1	5

Überschlag: _____ _____ _____

b)

	T	H	Z	E
			8	7
+			5	5
+	7	7	7	7
+	2	0	0	0

	T	H	Z	E
	2	8	9	9
+	2	3	7	6
+	3	1	1	2

	T	H	Z	E
	6	2	8	8
+	2	9	5	9
+				3

Überschlag: _____ _____ _____

Gellner/Petersen: Fit in den schriftlichen Rechenverfahren, Band 1
© Persen Verlag GmbH, Buxtehude

Felix und Nina ziehen **halbschriftlich** ab (subtrahieren). Vergleiche.
Wie würdest du rechnen?

Felix

H	Z	E		H	Z	E		H	Z	E
7	8	6	−	3	2	5	=			
7	8	6	−	3	0	0	=	4	8	6
4	8	6	−		2	0	=	4	6	6
4	6	6	−			5	=	4	6	1
7	8	6	−	3	2	5	=	4	6	1

Nina

H	Z	E		H	Z	E		H	Z	E
7	8	6	−	3	2	5	=			
7	8	6	−			5	=	7	8	1
7	8	1	−		2	0	=	7	6	1
7	6	1	−	3	0	0	=	4	6	1
7	8	6	−	3	2	5	=	4	6	1

❶ Rechne wie Felix _oder_ Nina.

a)

H	Z	E		H	Z	E		H	Z	E
5	9	6	−	4	2	4	=			
			−				=			
			−				=			
			−				=			
5	9	6	−	4	2	4	=			

b)

H	Z	E		H	Z	E		H	Z	E
7	9	8	−	2	5	2	=			
			−				=			
			−				=			
			−				=			
7	9	8	−	2	5	2	=			

c)

H	Z	E		H	Z	E		H	Z	E
9	8	2	−	5	4	1	=			
			−				=			
			−				=			
			−				=			
9	8	2	−	5	4	1	=			

d)

H	Z	E		H	Z	E		H	Z	E
2	5	5	−	1	3	2	=			
			−				=			
			−				=			
			−				=			
2	5	5	−	1	3	2	=			

e)

H	Z	E		H	Z	E		H	Z	E
6	6	6	−	4	0	4	=			
			−				=			
			−				=			
			−				=			
6	6	6	−	4	0	4	=			

f)

H	Z	E		H	Z	E		H	Z	E
8	4	2	−	5	1	2	=			
			−				=			
			−				=			
			−				=			
8	4	2	−	5	1	2	=			

Rechne schriftlich: 29 – 15

> **Merke:**
> **E**iner unter **E**iner, **Z**ehner unter **Z**ehner. Beginne immer bei den **E**inern!

	Z	E
	‖	⬜⬜⬜⬜⬜ ⬜⬜⬜⬜
–	┃	⬜⬜⬜⬜⬜
	┃	⬜⬜⬜⬜

	Z	E
	2	9
–	1	5
	1	**4**

Ich spreche und schreibe:

5 E plus ⬚ ? ⬚ ist gleich 9 E?

5 E plus **4 E** ist gleich 9 E,

ich notiere **4 E**.

1 Z plus ⬚ ? ⬚ ist gleich 2 Z?

1 Z plus **1 Z** ist gleich 2 Z,

ich notiere **1 Z**.

---

❶ Die Lösungsschritte sind durcheinandergeraten.
Ordne richtig. Trage dazu die Zahlen 1, 2 und 3 in die Kreise ein.

◯ 3 Z plus **1 Z** ist gleich 4 Z, ich notiere **1 Z**.

◯ 0 E plus **0 E** ist gleich 0 E, ich notiere **0 E**.

◯ 1 H plus **5 H** ist gleich 6 H, ich notiere **5 H**.

	H	Z	E
	6	4	0
–	1	3	0
	5	1	0

---

❷ Fülle alle Lücken aus.

a) 1 E plus **5 E** ist gleich 6 E, ich notiere ⬚⬚⬚ .

b) 4 Z plus **1 Z** ist gleich 5 Z, ich notiere ⬚⬚⬚ .

c) 3 H plus **6 H** ist gleich 9 H, ich notiere ⬚⬚⬚ .

	H	Z	E
–			

Gellner/Petersen: Fit in den schriftlichen Rechenverfahren, Band 1
© Persen Verlag GmbH, Buxtehude

Einer-, Zehner- und Hunderterzahlen

❶ Rechne schriftlich.

a)

	E			E			E			E			E			E	
	8			6			7			6			7			9	
−	4		−	3		−	1		−	5		−	2		−	1	

b)

	Z	E		Z	E		Z	E		Z	E		Z	E		Z	E
	9	0		4	0		8	0		7	0		6	0		7	0
−	5	0	−	3	0	−	3	0	−	5	0	−	1	0	−	4	0

c)

	H	Z	E		H	Z	E		H	Z	E		H	Z	E		H	Z	E
	6	0	0		7	0	0		9	0	0		4	0	0		8	0	0
−	4	0	0	−	2	0	0	−	6	0	0	−	3	0	0	−	2	0	0

❷ Ergänze fehlende Ziffern.

	H	Z	E		H	Z	E		H	Z	E		H	Z	E		H	Z	E
			9		6	▒	0			▒	0		7	▒	0		▒	▒	0
−		▒		−	2	0	0	−		5	0	−	▒	0	0	−	7	0	0
			2		▒	0	0			3	▒		6	0	0		1	0	0

❸ Marie hat 40 Euro gespart.
Sie möchte sich ein PC-Spiel
für 30 Euro kaufen
Wie viel Euro bleiben übrig?

_____

	Z	E
−		

❶ Verbinde die Lösungsschritte mit der dazugehörigen Aufgabe.

| 3 E plus | ? | ist gleich 6 E? |
| 3 E plus **3 E** ist gleich 6 E, ich notiere **3 E**. |
| 1 Z plus | ? | ist gleich 7 Z? |
| 1 Z plus **6 Z** ist gleich 7 Z, ich notiere **6 Z**. |

	Z	E
	8	9
–		4
	8	5

| 6 E plus | ? | ist gleich 7 E? |
| 6 E plus **1 E** ist gleich 7 E, ich notiere **1 E**. |
| 5 Z plus | ? | ist gleich 9 Z? |
| 5 Z plus **4 Z** ist gleich 9 Z, ich notiere **4 Z**. |

	Z	E
	7	6
–	1	3
	6	3

| 4 E plus | ? | ist gleich 9 E? |
| 4 E plus **5 E** ist gleich 9 E, ich notiere **5 E**. |
| 0 Z plus | ? | ist gleich 8 Z? |
| 0 Z plus **6 Z** ist gleich 8 Z, ich notiere **8 Z**. |

	Z	E
	9	7
–	5	6
	4	1

❷ Subtrahiere schriftlich.

a)

	Z	E
	9	9
–		7

b)

	Z	E
	4	6
–	2	5

c)

	Z	E
	8	2
–	3	2

d)

	Z	E
	6	7
–	3	3

Gellner/Petersen: Fit in den schriftlichen Rechenverfahren, Band 1
© Persen Verlag GmbH, Buxtehude

Übungen: ZE – E, ZE – ZE

❶ Überschlage zuerst. Berechne dann das genaue Ergebnis. Kann dein Ergebnis stimmen? Vergleiche mit dem Ergebnis der Überschlagsrechnung.

a)

Z	E		Z	E		Z	E		Z	E		Z	E		Z	E
4	8		5	6		3	5		7	8		7	9		6	6
–	6	–		1	–	1	4	–	3	3	–		2	–	4	6

Überschlag: ____ ____ ____ ____ ____ ____

b)

Z	E		Z	E		Z	E		Z	E		Z	E		Z	E
7	7		5	8		4	3		9	2		6	8		3	7
–	5	–	4	2	–		2	–	6	2	–		3	–	1	4

Überschlag: ____ ____ ____ ____ ____ ____

c)

Z	E		Z	E		Z	E		Z	E		Z	E		Z	E
9	7		6	5		7	6		8	7		5	5		3	8
–	4	–	2	4	–		6	–	3	1	–	3	5	–	2	4

Überschlag: ____ ____ ____ ____ ____ ____

❷ Ergänze fehlende Ziffern.

a)	Z	E		b)	Z	E		c)	Z	E		d)	Z	E		e)	Z	E
	4	7			9	2			▓	8			7	9			4	7
–	2	5		–	6	1		–		3		–	3	8		–		3
	▓	▓			3	▓			6	5			4	▓			▓	▓

f)	Z	E		g)	Z	E		h)	Z	E		i)	Z	E		j)	Z	E
	4	6			8	▓			3	6			▓	6			5	7
–	4	1		–		6		–	1	▓		–	3	4		–	▓	6
	▓	▓				3			▓	4			6				2	1

❶ Schreibe untereinander und subtrahiere. Überschlage zuerst.

a) 97 – 32   b) 78 – 6   c) 62 – 32   d) 74 – 21   e) 88 – 47

❷ Moritz möchte sich einen neuen Fahrradhelm kaufen. Er hat 31 € gespart.
Wie viel Geld fehlt ihm noch?

Fahrradhelm:
59 €

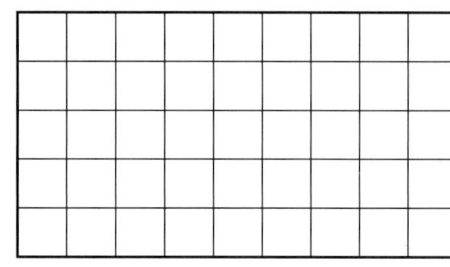

Antwort: _____

❸ Die Freundinnen Lena, Jule, Lotta, Sophia und Nele wollen zu
einem Konzert ihrer Lieblingsband. Alle Mädchen sparen fleißig.
Wie viele Euro fehlen jedem noch? Rechne schriftlich.

	Lena	Jule	Lotta	Sophia	Nele
Bereits gespart	31 €	25 €	44 €	29 €	53 €
Preis des Konzerttickets	69 €	69 €	69 €	69 €	69 €
Fehlendes Geld					

Gellner/Petersen: Fit in den schriftlichen Rechenverfahren, Band 1
© Persen Verlag GmbH, Buxtehude

Aufgabe: 489 – 3 – 2 – 1

> **Merke:**
> **E**iner unter **E**iner – **Z**ehner unter **Z**ehner, **H**underter unter **H**underter!

	H	Z	E
	4	8	9
–			3
–			2
–			1
	4	8	3

Ich spreche und schreibe:

Zuerst addiere ich alle E, die von 9 E abgezogen werden sollen.

(1 E plus 2 E plus 3 E) ist gleich (6 E) .

(6 E) plus [?] ist gleich 9 E?

(6 E) plus **3 E** ist gleich 9 E, ich notiere **3 E**.

0 Z plus [?] ist gleich 8 Z?

0 Z plus **8 Z** ist gleich 8 Z, ich notiere **8 Z**.

0 H plus [?] ist gleich 4 H?

0 H plus **4 H** ist gleich 4 H, ich notiere **4 H**.

❶ Schreibe die Aufgabe und ihr Ergebnis auf.

Ich spreche und schreibe:

(1 E plus 2 E plus 1 E) ist gleich (4 E) .

(4 E) plus [?] ist gleich 6 E?

(4 E) plus **2 E** ist gleich 6 E, ich notiere **2 E**.

0 Z plus [?] ist gleich 5 Z?

0 Z plus **5 Z** ist gleich 5 Z, ich notiere **5 Z**.

0 H plus [?] ist gleich 1 H?

0 H plus **1 H** ist gleich 1 H, ich notiere **1 H**.

	H	Z	E
–			
–			
–			

❶ Berechne das Ergebnis.

a)

H	Z	E
7	2	7
−		5

b)

H	Z	E
9	5	3
−		2

c)

H	Z	E
5	5	5
−		2
−		1

d)

H	Z	E
8	6	7
−		4
−		1
−		2

e)

H	Z	E
6	9	9
−		2
−		5

f)

H	Z	E
4	4	8
−		1
−		4
−		2

g)

H	Z	E
5	8	7
−		2
−		1
−		1
−		1

h)

H	Z	E
1	3	5
−		2
−		1

❷ Ergänze fehlende Ziffern.

a)

H	Z	E
7	4	8
−		1
7		

b)

H	Z	E
6	2	9
−		5
−		2
		2

c)

H	Z	E
1		7
−		4
−		1
−		1
	5	1

d)

H	Z	E
4	2	
−		2
−		3
4		1

e)

H	Z	E
3	2	7
−		3
−		1
		1

f)

H	Z	E
9	5	8
−		
−		3
−		2
9		2

g)

H	Z	E
2		4
−		1
−		1
−		1
2	7	

h)

H	Z	E
5	3	9
−		5
−		1

Gellner/Petersen: Fit in den schriftlichen Rechenverfahren, Band 1
© Persen Verlag GmbH, Buxtehude

Anwendung: HZE – E

❶ Schreibe untereinander und subtrahiere schriftlich.

a) 389 – 6   b) 647 – 4 – 2   c) 568 – 1 – 2 – 3   d) 798 – 1 – 3 – 1

❷ Henry hat 126 € gespart. Er kauft eine Zeitschrift für 3 € und ein Eis für 2 €.
Wie viele Euro bleiben übrig? Rechne schriftlich.

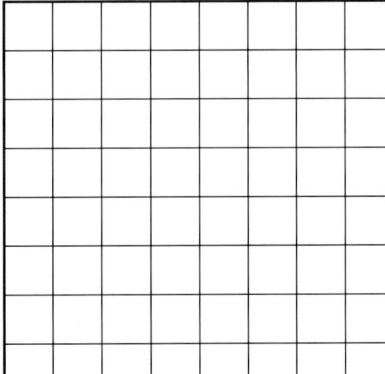

Antwort: _____

❸ Eine Pizzeria hat am Samstag, 09.05.2009, 119 Pizzen gebacken.
Der Lieferservice liefert 3 Pizzen nach Eberstadt, 2 Pizzen nach
Muschenheim, 1 Pizza nach Holzheim und 2 Pizzen nach Garbenteich.
Wie viele Pizzen werden in der Pizzeria verspeist? Rechne schriftlich.

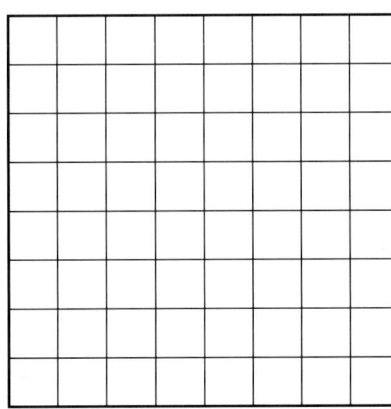

Antwort: _____

Aufgabe: 578 – 132 – 21 – 4

Merke:
Einer unter **E**iner, **Z**ehner unter **Z**ehner, **H**underter unter **H**underter!

	H	Z	E
	5	7	8
–	1	3	2
–		2	1
–			4
	4	**2**	**1**

Ich spreche und schreibe:

4 E plus 1 E plus 2 E ist gleich 7 E.

7 E plus ? ist gleich 8 E?

7 E plus **1 E** ist gleich 8 E, ich notiere **1 E**.

2 Z plus 3 Z ist gleich 5 Z.

5 Z plus ? ist gleich 7 Z?

5 Z plus **2 Z** ist gleich 7 Z, ich notiere **2 Z**.

1 H plus ? ist gleich 5 H?

1 H plus **4 H** ist gleich 5 H, ich notiere **4 H**.

❷ Subtrahiere schriftlich.

a)

	H	Z	E
	4	5	6
–	1	2	1
–		1	3
–			1

b)

	H	Z	E
	9	6	5
–		3	4
–	4	0	1

c)

	H	Z	E
	8	8	8
–	3	3	3

❶ Überschlage zuerst. Berechne dann das genaue Ergebnis.
Kann dein Ergebnis stimmen?
Vergleiche mit dem Ergebnis der Überschlagsrechnung.

a)	H	Z	E		b)	H	Z	E		c)	H	Z	E		d)	H	Z	E
	5	6	7			8	5	3			6	5	8			2	4	9
−		4	2		−	4	2	1		−		5	3		−	1	0	5

Überschlag: _____   _____   _____   _____

e)	H	Z	E		f)	H	Z	E		g)	H	Z	E		h)	H	Z	E
	3	5	6			9	7	8			7	4	5			8	9	9
−		2	3		−	5	2	3		−	2	2	1		−		3	3
−		2	1		−		1	2		−	1	1	2		−		2	2
										−			1		−		1	1

Überschlag: _____   _____   _____   _____

❷ Ergänze fehlende Ziffern.

a)	H	Z	E		b)	H	Z	E		c)	H	Z	E		d)	H	Z	E
	7	8	9			9	9	7			5	8	6				9	5
−	2	3	5		−		5	4		−		1	8		−		6	3
		5				9					0	5				1	3	

e)	H	Z	E		f)	H	Z	E		g)	H	Z	E		h)	H	Z	E
	4	6	8			3	6	1			4	7	9			9	9	9
−		2	3		−		1	0		−	2	0	4		−		0	0
−		1	1		−		4	1		−	1	1			−	2	2	0
			4					0		−		2	0		−		4	0
													2			6	3	

❶ Schreibe untereinander und subtrahiere schriftlich. Überschlage zuerst.

a) 839 – 30   b) 647 – 322   c) 966 – 24 – 30   d) 798 – 203 – 180 – 14

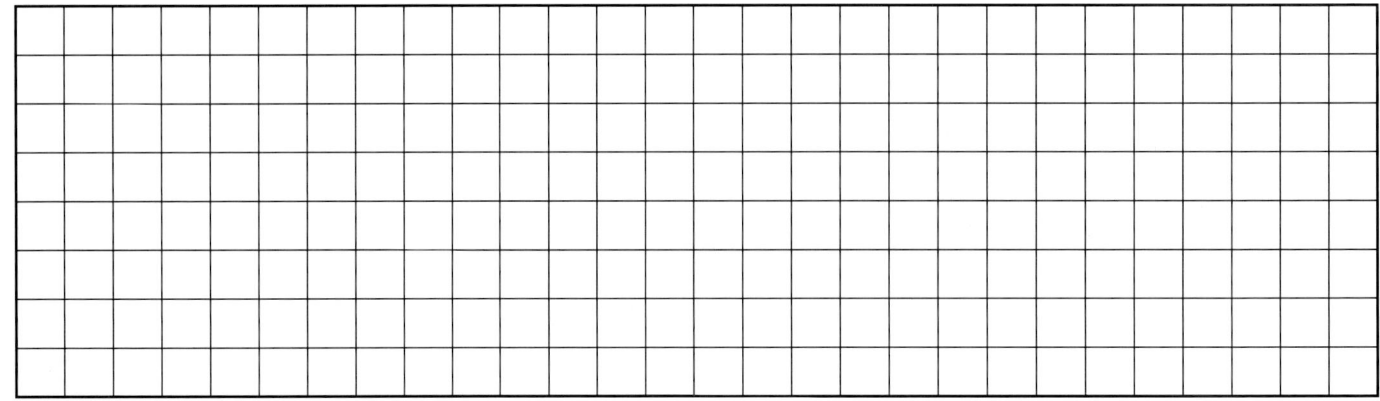

❷ Welches Angebot ist das preisgünstigste?

a) Beantworte die Frage durch eine Überschlagsrechnung.

| *Mega-Schnäppchen!* **Elektro Möller** ~~699~~ € 157 € Rabatt | **PREISHAMMER!** **Mini Markt** ~~678~~ € 125 € Ersparnis | PREISSENSATION! **HiFi Heilig** ~~649~~ € Reduziert um 114 € |

Überschlag: _____   Überschlag: _____   Überschlag: _____

Antwort: _____

b) Berechne nun die genauen Preise schriftlich.

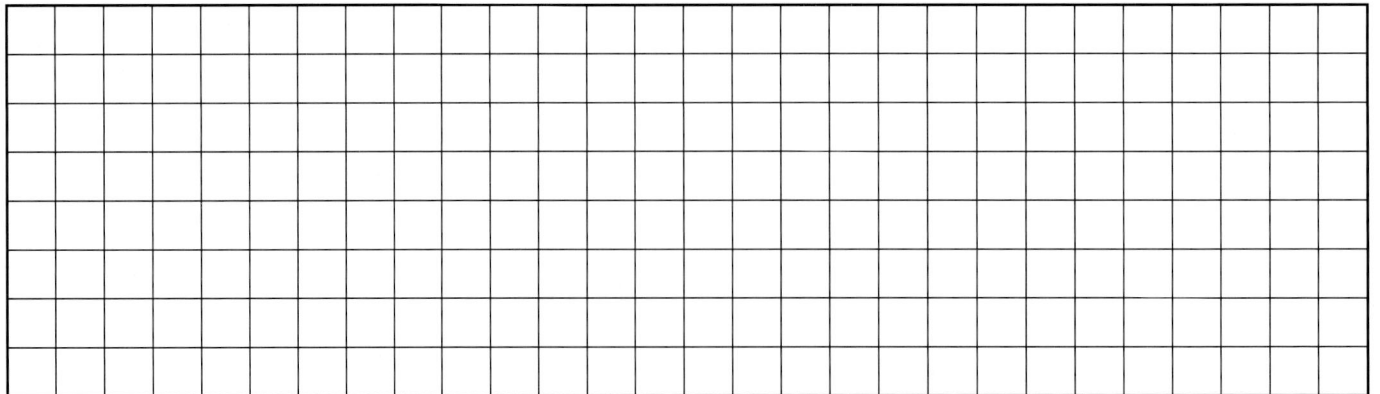

Gellner/Petersen: Fit in den schriftlichen Rechenverfahren, Band 1
© Persen Verlag GmbH, Buxtehude

Schreib- und Sprechweise

> **Merke:**
> **E**iner unter **E**iner, **Z**ehner unter **Z**ehner.

25 − 6 = **19**

Ich kehre die Aufgaben um und ergänze: 6 + **19** = 25

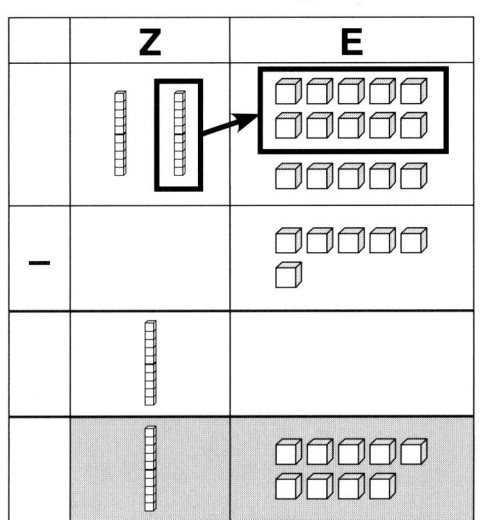

	Z	E
	2	5
−		6
		1
	1	**9**

6 E plus [?] E ist gleich 5 E?

Das geht nicht!

Deshalb mache ich aus 1 Z 10 E.

Ich rechne dann:

6 E plus [?] E ist gleich 15 E?

6 E plus **9 E** ist gleich 15 E.

Ich notiere 9 E

und übertrage 1 Z.

Ich spreche und schreibe:

6 E plus **9 E** ist gleich 15 E.

Ich notiere 9 E, ich übertrage 1 Z.

1 Z plus **1 Z** ist gleich 2 Z.

Ich notiere 1 Z.

❶ Die Lösungsschritte der folgenden Aufgabe sind durcheinandergeraten.
Ordne richtig. Trage dazu die Zahlen 1, 2 und 3 in die Kreise ein.

○ 1 Z plus 2 Z ist gleich 3 Z,
3 Z plus **5 Z** ist gleich 8 Z,
ich notiere 5 Z.

○ 5 E plus **8 E** ist gleich 13 E,
ich notiere 8 E, ich übertrage **1 Z**.

○ 2 H plus **2 H** ist gleich 4 H,
ich notiere 2 H.

	H	Z	E
	4	8	3
−	2	2	5
			1
	2	5	8

ZE – E, ZE – ZE

❶ Verbinde die Lösungsschritte mit der dazugehörigen Aufgabe.

8 E plus **9 E** ist gleich 17 E,
ich notiere **9 E**, ich übertrage 1 Z.

1 Z plus 4 Z ist gleich 5 Z,
5 Z plus **4 Z** ist gleich 9 Z,
ich notiere 4 Z.

	Z	E
	6	3
−		4
	1	
	5	9

4 E plus **9 E** ist gleich 13 E,
ich notiere 9 E, ich übertrage 1 Z.

1 Z plus **5 Z** ist gleich 6 Z,
ich notiere **5 Z**.

	Z	E
	4	1
−	1	3
	1	
	2	8

3 E plus **8 E** ist gleich 11 E,
ich notiere **8 E**, ich übertrage 1 Z.

1 Z plus 1 Z ist gleich 2 Z,
2 Z plus **2 Z** ist gleich 4 Z,
ich notiere 2 Z.

	Z	E
	9	7
−	4	8
	1	
	4	9

❷ Subtrahiere schriftlich.

a)

	Z	E
	9	5
−		7

b)

	Z	E
	5	6
−	4	7

c)

	Z	E
	8	2
−	6	6

d)

	Z	E
	7	4
−	3	8

Übungen: ZE – E, ZE – ZE

❶ Überschlage zuerst. Berechne dann das genaue Ergebnis. Kann dein Ergebnis stimmen? Vergleiche mit dem Ergebnis der Überschlagsrechnung.

a)

	Z	E			Z	E			Z	E			Z	E			Z	E			Z	E
	2	5			2	2			2	1			4	8			7	2			5	3
–		9		–		8		–	1	6		–	3	9		–		9		–	2	5

Überschlag: _____ _____ _____ _____ _____ _____

b)

	Z	E			Z	E			Z	E			Z	E			Z	E			Z	E
	6	6			5	1			4	3			9	2			9	2			3	7
–		8		–	4	2		–		6		–	3	5		–		7		–	2	9

Überschlag: _____ _____ _____ _____ _____ _____

c)

	Z	E			Z	E			Z	E			Z	E			Z	E			Z	E
	8	4			3	4			9	2			7	2			4	0			8	3
–		8		–	2	7		–		6		–	3	8		–	2	4		–	1	6

Überschlag: _____ _____ _____ _____ _____ _____

❷ Ergänze fehlende Ziffern und Überträge.

a)

	Z	E
		4
–	2	9
	1	
	1	

b)

	Z	E
	9	
–		4
	1	
	2	8

c)

	Z	E
		5
–		8
	1	
	5	7

d)

	Z	E
		3
–	3	8
	4	

e)

	Z	E
	3	5
–		8

f)

	Z	E
	4	6
–	3	7

g)

	Z	E
	4	
–		9
	1	
		9

h)

	Z	E
	9	2
–	8	
		6

i)

	Z	E
		2
–	3	8
	1	
	3	

j)

	Z	E
	7	7
–		8
	1	9

❶ Schreibe untereinander und subtrahiere. Überschlage zuerst.

a) 86 – 18   b) 67 – 9   c) 72 – 23   d) 84 – 76   e) 66 – 47

❷ Eric möchte ein Handy kaufen. Er hat 39 € gespart.
Wie viel Geld fehlt ihm?

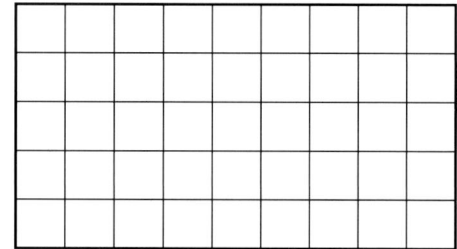

Handy:
64 €

Antwort: _____

❸ Jan hat einen Tachometer für sein Rad geschenkt bekommen.
Er notiert täglich den Kilometerstand.
Wie viele Kilometer ist er pro Tag gefahren?

Datum	1. Juni	2. Juni	3. Juni	4. Juni	5. Juni
Alter Kilometerstand	17	35	54	62	81
Neuer Kilometerstand	35	54	62	81	90
Gefahrene Kilometer					

Gellner/Petersen: Fit in den schriftlichen Rechenverfahren, Band 1
© Persen Verlag GmbH, Buxtehude

Aufgabe: 153 – 5 – 2 – 1

Merke:
Einer unter Einer, Zehner unter Zehner, Hunderter unter Hunderter!

	H	Z	E
	1	5	3
–			5
–			2
–			1
		1	
	1	**4**	**5**

Zuerste addiere ich alle Zahlen, die von 3 E abgezogen werden:
1 E plus 2 E plus 5 E ist gleich 8 E.
Dann rechne ich wieder:
8 E plus ☐ E ist gleich 3 E geht nicht.
8 E plus ☐ E ist gleich 13 E.
8 E plus **5 E** ist gleich 13 E.
Ich notiere 5 E und
übertrage 1 Z zu den Zehnern.

Ich spreche und schreibe:

1 E plus 2 E plus 5 E ist gleich 8 E,
8 E plus **5 E** ist gleich 13 E, ich notiere 5 E, ich übertrage 1 Z.

1 Z plus **4 Z** ist gleich 5 Z, ich notiere 4 Z.

0 H plus **1 H** ist gleich 1 H, ich notiere 1 H.

❶ Wie lautet die Aufgabe? Trage auch die Lösung ein.

	H	Z	E
		2	4
–			1
–			
–			
		1	

4 E plus 2 E plus 1 E ist gleich 7 E,

7 E plus **8 E** ist gleich 15 E,

ich notiere 8 E, ich übertrage 1 Z.

1 Z plus **3 Z** ist gleich 4 Z,

ich notiere 3 Z.

0 H plus **2 H** ist gleich 2 H,

ich notiere 2 H.

Übungen: HZE – E

❶ Überschlage zuerst. Berechne dann das genaue Ergebnis. Kann dein Ergebnis stimmen? Vergleiche mit dem Ergebnis der Überschlagsrechnung.

a)	H	Z	E		b)	H	Z	E		c)	H	Z	E		d)	H	Z	E
	6	2	8			9	1	3			2	2	2			8	2	3
−		4	2		−			7		−			4		−			4
										−			3		−			1
															−			3

e)	H	Z	E		f)	H	Z	E		g)	H	Z	E		h)	H	Z	E
	9	9	4			5	4	6			4	2	7			8	7	2
−			2		−			1		−			3		−			4
−			6		−			4		−			2		−			4
					−			3		−			1					
										−			2					

❷ Ergänze fehlende Ziffern und Überträge.

a)	H	Z	E		b)	H	Z	E		c)	H	Z	E		d)	H	Z	E
	8	3	8			3	2	1			1		6			4	2	
−			9		−			5		−			6		−			4
					−			2		−			1		−			3
	8	2						1		−			1					1
								4				1				4		8
													7	8				

e)	H	Z	E		f)	H	Z	E		g)	H	Z	E		h)	H	Z	E
	7	2	1			9	5	4			2		8			5	4	6
−			5		−					−			1		−			5
−					−			3		−			3		−			3
		1			−			2		−			5					
			3										1					
						9	4	7			2	7						

Gellner/Petersen: Fit in den schriftlichen Rechenverfahren, Band 1
© Persen Verlag GmbH, Buxtehude

❶ Schreibe untereinander und subtrahiere schriftlich. Überschlage zuerst.

a) 281 − 8　　　b) 642 − 3 − 3　　　c) 56 − 2 − 4 − 2　　　d) 498 − 4 − 1 − 2 − 2

❷ Memet hat 123 € gespart. Er gibt zweimal 3 € und zweimal 1 € aus.
Wie viele Euro bleiben übrig? Rechne schriftlich.

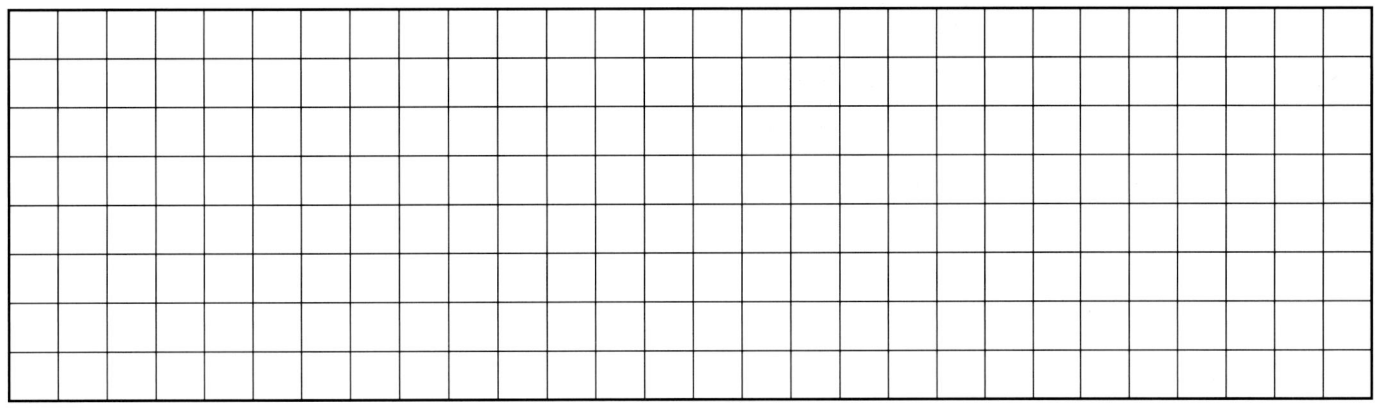

Antwort: _____

❸ Eine Computerfirma hat am Freitag, 08.05.2009, 374 Monitore produziert.
Kontrolleur Müller entnimmt 1 defektes Gerät, Kontrolleur Schellhas 3,
Kontrolleur Bostic 2 und Kontrolleur Nagel 2 Monitore.

Frage: _____

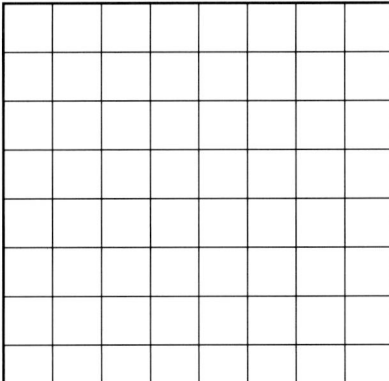

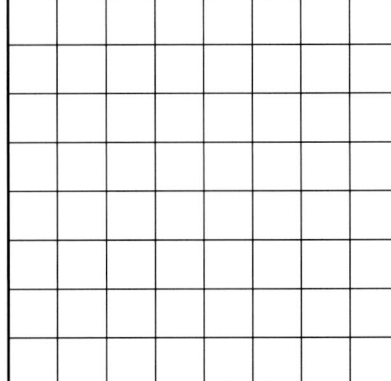

Antwort: _____

Aufgabe: 311 – 24 – 42 – 51

> **Merke:**
> **E**iner unter **E**iner, **Z**ehner unter **Z**ehner, **H**underter unter **H**underter!

	H	Z	E
	3	1	1
–		2	4
–		4	2
–		5	1
	2	1	
	1	**9**	**4**

1 Z plus 5 Z plus 4 Z plus 2 Z ist gleich 12 Z.
Ich rechne 12 Z plus ⬚ ? Z ist gleich 21 Z?
Ich rechne: 12 Z plus **9 Z** ist gleich 21 Z.
Ich notiere 9 Z und übertrage 2 H.

Ich spreche und schreibe:

1 E plus 2 E plus 4 E ist gleich 7 E,
7 E plus **4 E** ist gleich 11 E, ich notiere 4 E, ich übertrage 1 Z.

1 Z plus 5 Z plus 4 Z plus 2 Z ist gleich 12 Z,
12 Z plus **9 Z** ist gleich 21 Z, ich notiere 9 Z, ich übertrage 2 H.

2 H plus **1 H** ist gleich 3 H, ich notiere 1 H.

❶ Subtrahiere schriftlich.

a)

	H	Z	E
	5	1	6
–	1	2	1
–		7	4
–		3	3

b)

	H	Z	E
	9	2	3
–		2	9
–	3	0	7

c)

	H	Z	E
	7	8	1
–	2	1	5

Gellner/Petersen: Fit in den schriftlichen Rechenverfahren, Band 1
© Persen Verlag GmbH, Buxtehude

Übungen: HZE – ZE, HZE – HZE

❶ Überschlage zuerst. Berechne dann das genaue Ergebnis. Kann dein Ergebnis stimmen? Vergleiche mit dem Ergebnis der Überschlagsrechnung.

a)

	H	Z	E
	3	6	2
−		4	7

b)

	H	Z	E
	7	5	1
−	4	2	9

c)

	H	Z	E
	6	5	2
−		3	3

d)

	H	Z	E
	4	4	8
−	2	0	9

e)

	H	Z	E
	1	5	6
−		1	2
−		1	6

f)

	H	Z	E
	8	6	1
−	1	4	4
−		2	5

g)

	H	Z	E
	6	2	5
−	1	4	1
−	2	7	5
−		5	1

h)

	H	Z	E
	5	5	9
−		2	1
−		8	3
−		7	2

❷ Ergänze fehlende Ziffern und Überträge.

a)

	H	Z	E
	5	8	9
−	3	9	5
	1		
		9	

b)

	H	Z	E
	8	9	7
−		9	9
		7	8

c)

	H	Z	E
	7	6	7
−	1	8	
	1		
		8	1

d)

	H	Z	E
		8	5
−		6	7
	1		
	2	1	

e)

	H	Z	E
	3	1	2
−		5	3
−		7	1

f)

	H	Z	E
	6	6	1
−	1	0	
−	2	7	1
		1	1
			2

g)

	H	Z	E
	6	7	7
−	3	8	1
−		6	
−		5	0
		2	
			6

h)

	H	Z	E
	9	9	9
−		0	0
−	1		0
−		7	0
		1	
	6	9	9

Anwendung: HZE – ZE, HZE – HZE

❶ Schreibe untereinander und subtrahiere schriftlich. Überschlage zuerst.

a) 739 – 80   b) 540 – 455   c) 813 – 75 – 40   d) 915 – 308 – 171 – 90

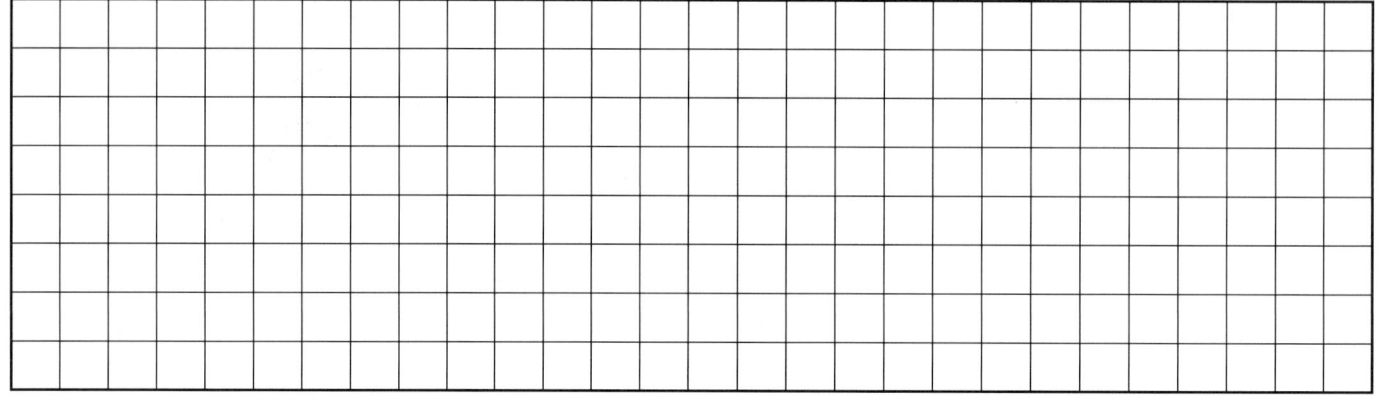

❷ Welches Angebot ist das preisgünstigste?

a) Beantworte die Frage durch eine Überschlagsrechnung.

Mega-Schnäppchen! **Elektro Möller** ~~455~~ € 168 € Rabatt	**PREISHAMMER!** **Mini Markt** ~~389~~ € 95 € Ersparnis	PREISSENSATION! **HiFi Heilig** ~~410~~ € Reduziert um 127 €

Überschlag: _____   Überschlag: _____   Überschlag: _____

Antwort: _____

b) Berechne nun die genauen Preise schriftlich.

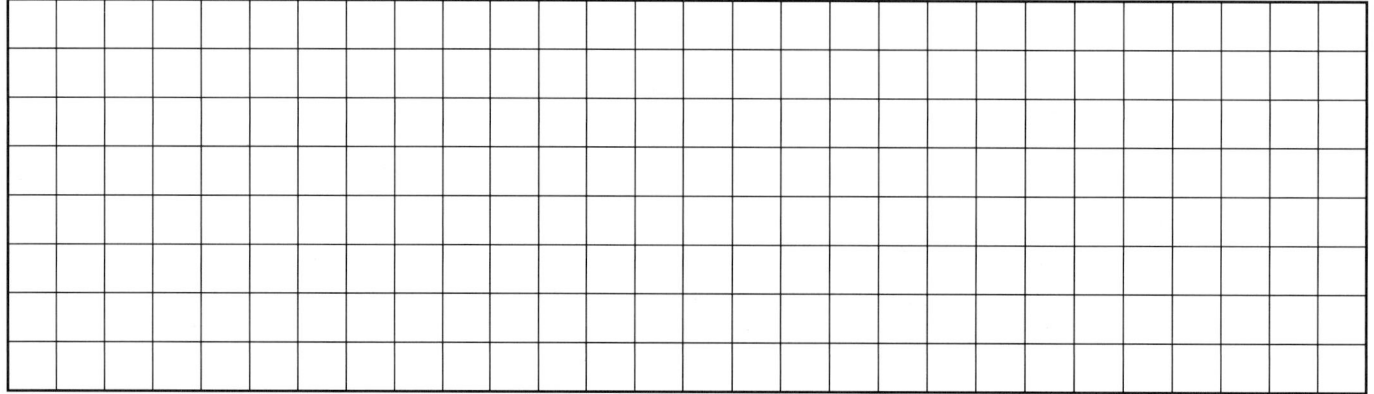

Gellner/Petersen: Fit in den schriftlichen Rechenverfahren, Band 1
© Persen Verlag GmbH, Buxtehude

Sonderfälle beim Übertrag

ACHTUNG!

Achte immer darauf:
Einer stehen unter Einern!
Zehner stehen unter Zehnern!
Hunderter stehen unter Hundertern!
…

$573 - 126$

	H	Z	E
	5	7	3
−	1	2	6
		1	
	4	4	7

Ein Übertrag kann auch größer als 1 sein! Beispiel:

	H	Z	E
	8	5	1
−	1	0	5
−	2	3	1
−	3	6	9
		1	2
	1	4	6

9 E + 1 E + 5 E = 15 E

15 E + [?] = 1 E geht nicht

15 E + [?] = 11 E geht auch nicht

15 E + [?] = 21 E

Ich mache also aus 2 Z 20 E.

15 E + **6 E** = 21 E Ich notiere 6 E und übertrage 2 Z …

Auch diesen Fall kann es geben: Übertrag zur Null! Beispiel:

	H	Z	E
	6	0	4
−			8
	1	1	
	5	9	6

8 E + [?] = 4 E geht nicht

8 E + [?] = 14 E

8 E + **6 E** = 14 E Ich notiere 6 E und übertrage 1 Z.

1 Z + [?] = 0 Z geht nicht

1 Z + [?] = 10 Z

1 Z + **9 Z** = 10 Z Ich notiere 9 Z und übertrage 1 H.

1 H + [?] = 6 H

1 H + **5 H** = 6 H Ich notiere 5 H.

❶ Rechne schriftlich.

a) 942 − 206 − 142 − 259

b) 701 − 9

c) 703 − 8

d) 722 − 106 − 228 − 129

e) 104 − 8

f) 712 − 166 − 288 − 199

❶ Notiere die Lösungsschritte für folgende Aufgabe.

	T	H	Z	E
	6	6	8	3
−	4	2	2	1
−		5	4	4
	1		1	
	1	9	1	8

4 E plus 1 E ist gleich 5 E,
5 E plus **8 E** ist gleich 13 E,
ich notiere 8 E, ich übertrage 1 Z.
1 Z plus …

❷ Überschlage zuerst. Berechne dann das genaue Ergebnis. Kann dein Ergebnis stimmen? Vergleiche mit dem Ergebnis der Überschlagsrechnung.

a)

	T	H	Z	E			T	H	Z	E			T	H	Z	E	
		6	8	3	6			7	5	3	9			5	2	2	4
	−		6	5	4		−	2	8	4	6		−	5	0	3	9

Überschlag: _____   _____   _____

b)

	T	H	Z	E			T	H	Z	E			T	H	Z	E	
		6	9	7	4			4	2	8	0			9	4	8	4
	−	1	2	8	1		−			7	2		−			9	9
	−			3	1		−		5	0	4		−	1	8	0	9
							−	1	2	5	0		−			3	1

Überschlag: _____   _____   _____

Gellner/Petersen: Fit in den schriftlichen Rechenverfahren, Band 1
© Persen Verlag GmbH, Buxtehude

Gemischte Übungen: HZE ± E

1 Petra hat 585 € gespart. Sie gibt folgende Geldbeträge aus:
4 €, 8 €, 7 €, 5 €.

Frage: _____

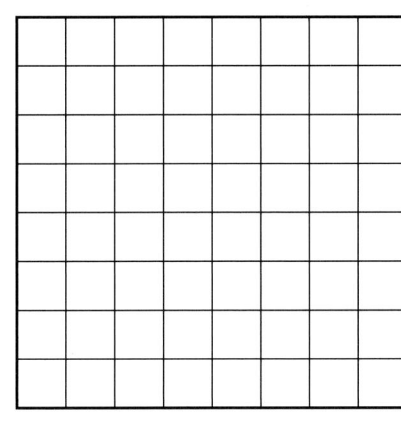

Antwort: _____

_____

2 Lara hat folgende Beträge von ihrem Taschengeld gespart:
8 €, 6 €, 9 €, 4 €, 7 €. Wie viel Geld muss sie noch sparen,
damit sie sich ein Handy für 162 € kaufen kann?

Antwort: _____

_____

3 Ergänze fehlende Ziffern und Überträge.

a)	H	Z	E		b)	H	Z	E		c)	H	Z	E		d)	H	Z	E
		3	0	9			7		0			6		8			9	1	
	+			1		+			9		–			7		–				8
	+			2		+			9		–			5		–				9
	+			5		+			8		–			3		–				9
	+			6									1					1	2	
								7	6				9						3

Gemischte Übungen: HZE ± ZE

❶ Die Ergebnisse der folgenden Aufgaben sind falsch. Korrigiere.

a)

	H	Z	E
	9	8	5
−		7	6
			1
	9	0	8

b)

	H	Z	E
	6	9	7
+		3	1
+		4	2
+		5	8
		2	1
	9	1	8

c)

	H	Z	E
	3	1	0
+		6	5
+		2	2
+		3	8
+		1	0
		1	1
	3	4	4

d)

	H	Z	E
	5	2	0
−		1	1
−		2	9
−		9	4
−		1	0
		2	2
	3	8	7

❷ Berechne schriftlich.

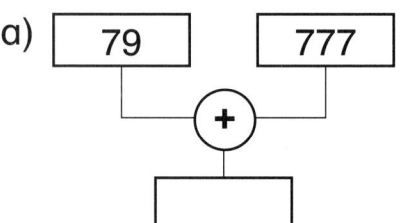

a) 79   777   +

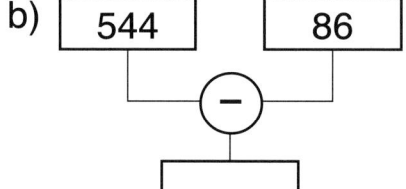

b) 544   86   −

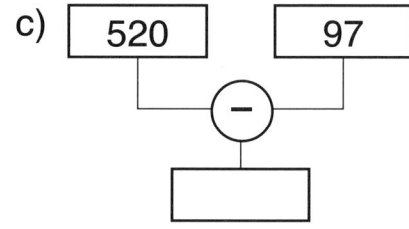

c) 520   97   −

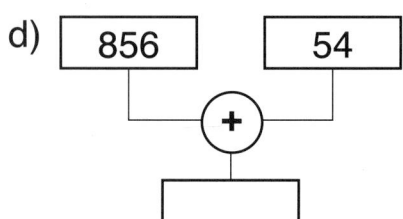

d) 856   54   +

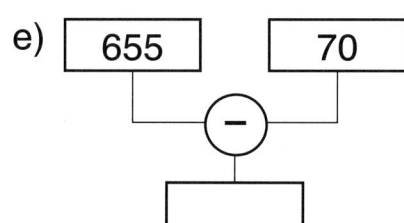

e) 655   70   −

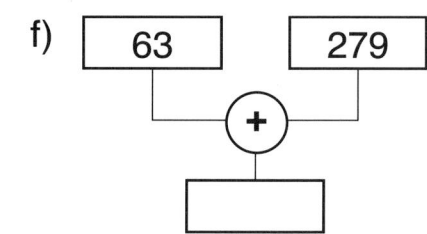

f) 63   279   +

❸ Die Schüler der Klasse 9a haben seit 3 Schuljahren regelmäßig auf ihr Klassenkonto eingezahlt. Sie wollen davon eine große Abschlussparty veranstalten. Es sind 335 € angespart worden.

Ausgaben für die Party	
Cola:	75 €
Limo:	63 €
Cola-Bier:	41 €
Würstchen:	52 €
Brötchen:	17 €
Salate:	26 €
Tischdekoration:	11 €

a) Wie hoch sind die Ausgaben für die Party insgesamt? Berechne schriftlich. Überschlage zuerst.

b) Wie viel bleibt von ihren Ersparnissen übrig?

c) Herr Dücker spendiert noch 55 €, Herr Stengel 85 € und Frau Appel 45 €. Wie viel Geld steht der Klasse nun für weitere Ausgaben insgesamt zur Verfügung?

Gellner/Petersen: Fit in den schriftlichen Rechenverfahren, Band 1
© Persen Verlag GmbH, Buxtehude

Gemischte Übungen: HZE ± HZE

❶ Berechne die Entfernungen.
Überschlage zunächst.

a) Dortmund – Frankfurt
b) Berlin – Kassel – Würzburg
c) Ulm – Würzburg – Kassel – Berlin

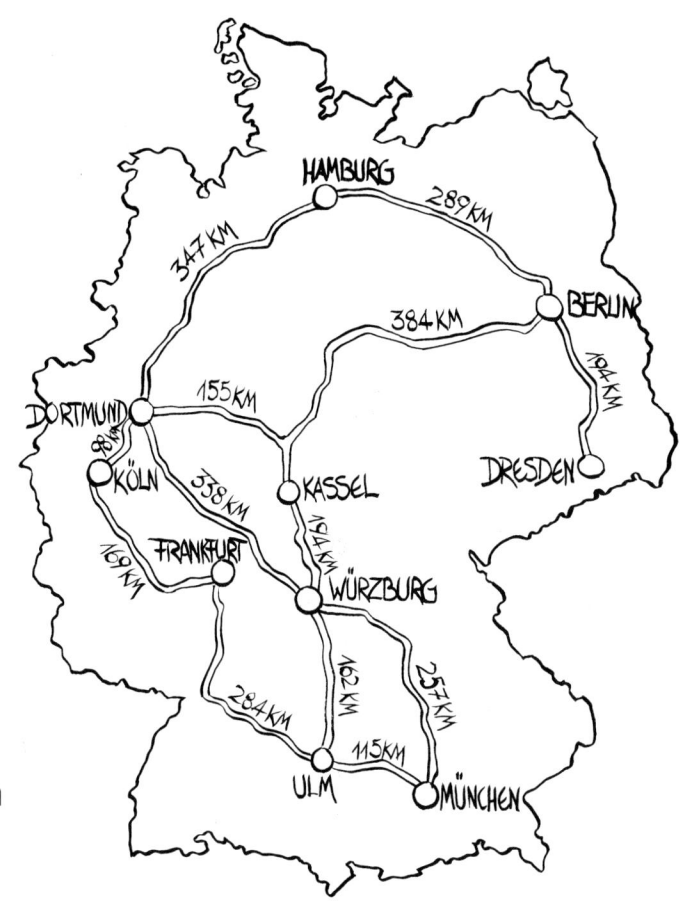

❷ Herr Koslowski ist im Außendienst
einer Computerfirma tätig.
Er fährt zweimal pro Monat
von Berlin nach Dortmund.

a) Wie viele Wege führen von Berlin
nach Dortmund? Berechne die
Entfernungen der Strecken.
Überschlage zunächst.

b) Wie viele km hat Herr Koslowsky nach
Hin- und Rückfahrt auf der kürzesten
Strecke zurückgelegt?

❸ Herr Koslowski hat sich folgende Kilometerstände notiert.

Montag	Dienstag	Mittwoch	Donnerstag	Freitag
401 km	142 km	203 km	152 km	138 km

Berechne folgende Aufgaben. Überschlage zunächst.

a) Wie viele km ist Herr Koslowski insgesamt gefahren?
b) Wie viele km ist Herr Koslowski Mittwoch mehr gefahren als am Dienstag?
c) Die gefahrenen km gibt Herr Koslowski bei seiner Steuererklärung an. 205 km
werden nicht anerkannt. Wie viele km konnte er sich anrechnen lassen?

❹ Herr Koslowski hat seinen neuen Firmenwagen erhalten. Er muss ein Fahr-
tenbuch führen. Vervollständige die folgende Tabelle mit den Kilometerstän-
den. Überschlage zunächst und rechne anschließend schriftlich.

	Montag	Dienstag	Mittwoch	Donnerstag	Freitag
Abfahrt (km)	171	202		651	811
Gefahrene km		199	250		289
Ankunft (km)	202		651	811	

Lernkontrolle: Addition

Name: _____ **Datum:** _____ . _____ . _____

❶ Berechne schriftlich.

a) 240 + 91

b) 421 + 74 + 4

c) 203 + 50 + 144 + 102

d) 9 + 39

e) 44 + 99

f) 538 + 42

g) 930 + 73 + 358

h) 404 + 38 + 381 + 90

i) 3050 + 2969

❷ Ergänze fehlende Ziffern und Überträge.

a)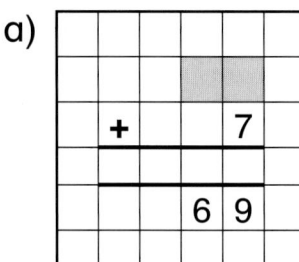

b)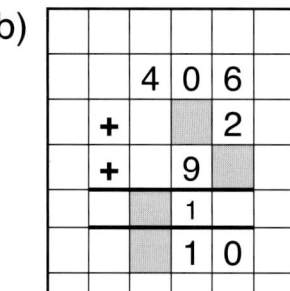

c)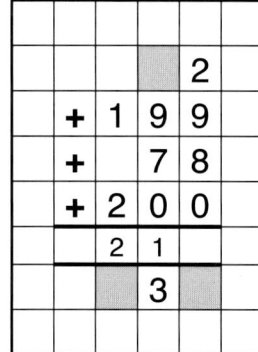

d)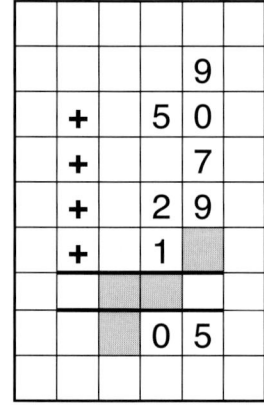

❸ Luca hat 1550 € gespart. Zum Geburtstag überweisen ihm sein
Vater 230 €, Tante Martha 140 €, Onkel Erik 70 € und Opa Marco 95 €.
Rechne schriftlich (Frage – Rechnung – Antwort).

❹ In welchem Geschäft muss man am wenigsten
bezahlen, wenn man alles kauft? Rechne schriftlich.

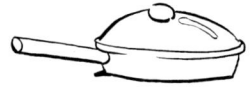

Schnäppchen-Markt	
Pfanne:	35 €
Schreibtisch:	108 €
Jeans:	24 €
PC:	320 €
Monitor:	99 €

Gut und Günstig	
Pfanne:	30 €
Schreibtisch:	129 €
Jeans:	17 €
PC:	305 €
Monitor:	101 €

Marktzentrum	
Pfanne:	38 €
Schreibtisch:	99 €
Jeans:	29 €
PC:	299 €
Monitor:	124 €

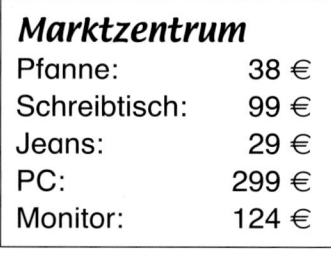

Gellner/Petersen: Fit in den schriftlichen Rechenverfahren, Band 1
© Persen Verlag GmbH, Buxtehude

Lernkontrolle: Subtraktion

Name: _____ Datum: _____ . _____ . _____

❶ Berechne schriftlich.

a) 82 – 9

b) 74 – 38

c) 981 – 65

d) 810 – 205

e) 5040 – 259

f) 583 – 21 – 8

g) 620 – 151 – 75 – 200

h) 3059 – 104 – 9 – 75

i) 7090 – 1509 – 2418

❷ Ergänze fehlende Ziffern und Überträge.

a) 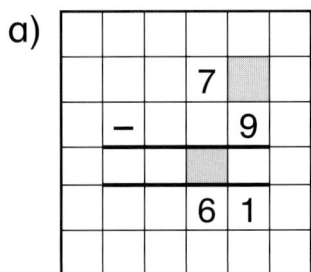   b) 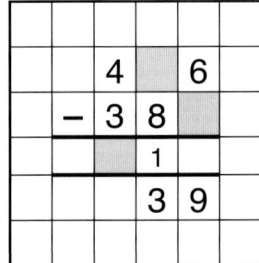   c)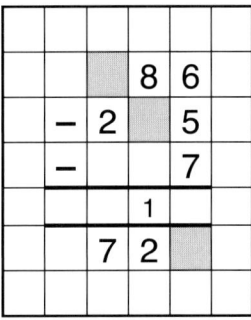

d)

		7	6		1
–			3	8	5
–				6	5
–					9
				2	
			1	9	2

❸ Ein Elektrogroßhandel hat 867 Digitalkameras auf Lager. Per E-Mail gehen folgende Bestellungen bei der Firma ein: 43 Geräte, 9 Geräte, 112 Geräte und 37 Geräte. Rechne schriftlich (Frage – Rechnung – Antwort).

❹ Prüfe, welches Angebot das preisgünstigste ist. Rechne schriftlich.

PREISSENSATION!	Mega-Schnäppchen!	PREISHAMMER!
Elektro Kuhl	**Elektromarkt Lux**	**HiFi Walzer**
~~308~~ €	~~352~~ €	~~360~~ €
49 € Rabatt	104 € Rabatt	105 € Rabatt

Lernkontrolle: Addition und Subtraktion

Name: _____ **Datum:** _____ . _____ . _____

❶ Berechne schriftlich.

a) 416 + 83

b) 740 − 55

c) 674 + 35 + 214

d) 599 − 135 − 302

e) 108 + 5 + 69 + 470

f) 910 − 400 − 71 − 111 − 299

g) 405 + 255 + 37 + 142 + 201

h) 7500 − 174 − 1259 − 65

❷ Ergänze fehlende Ziffern und Überträge.

a) 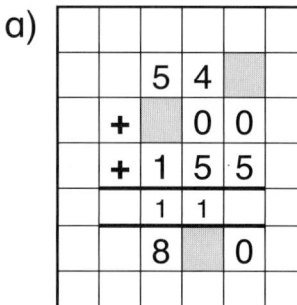   b) 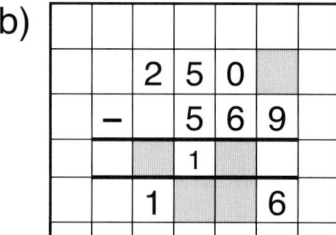   c) 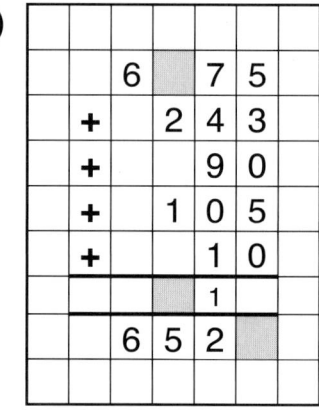   d)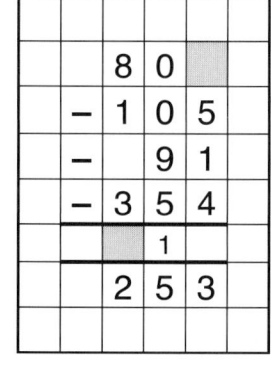

❸ Für ein Handballendspiel wurden am 1. Tag des Vorverkaufs 865 Eintrittskarten, am 2. Tag 1053 Karten und am 3. Tag 947 Karten verkauft. Der Rest wird für die Abendkasse reserviert. Die Halle verfügt über insgesamt 3500 Plätze. Rechne schriftlich (Frage – Rechnung – Antwort).

❹ In der Tabelle siehst du die jährlichen Mietnebenkosten der Familie Konz.

a) Um wie viele Euro sind die Ausgaben von Jahr zu Jahr gestiegen bzw. gefallen?

b) Welchen Geldbetrag hat die Familie in den 5 Jahren insgesamt bezahlt? Rechne schriftlich.

Jahr 2004	Jahr 2005	Jahr 2006	Jahr 2007	Jahr 2008
1253 €	954 €	1167 €	1075 €	1285 €

Gellner/Petersen: Fit in den schriftlichen Rechenverfahren, Band 1
© Persen Verlag GmbH, Buxtehude

Lösungen

Der Zahlenraum bis 1000 – Aufbau 1

❶ Trage die fehlenden Zahlen ein.

1	2	3	4	5	6	7	8	9	10
11	12	13	14	15	16	17	18	19	20
21	22	23	24	25	26	27	28	29	30
31	32	33	34	35	36	37	38	39	40
41	42	43	44	45	46	47	48	49	50
51	52	53	54	55	56	57	58	59	60
61	62	63	64	65	66	67	68	69	70
71	72	73	74	75	76	77	78	79	80
81	82	83	84	85	86	87	88	89	90
91	92	93	94	95	96	97	98	99	100

1 Zehner = **10** Einer

1 Hunderter = **10** Zehner = **100** Einer

❷ Trage die fehlenden Zahlen ein.

START — 100 — 200 — 300 — 400 — 500 — 600 — 700 — 800 — 900 — 1000 — ZIEL

❸ Trage die fehlenden Zahlen ein.

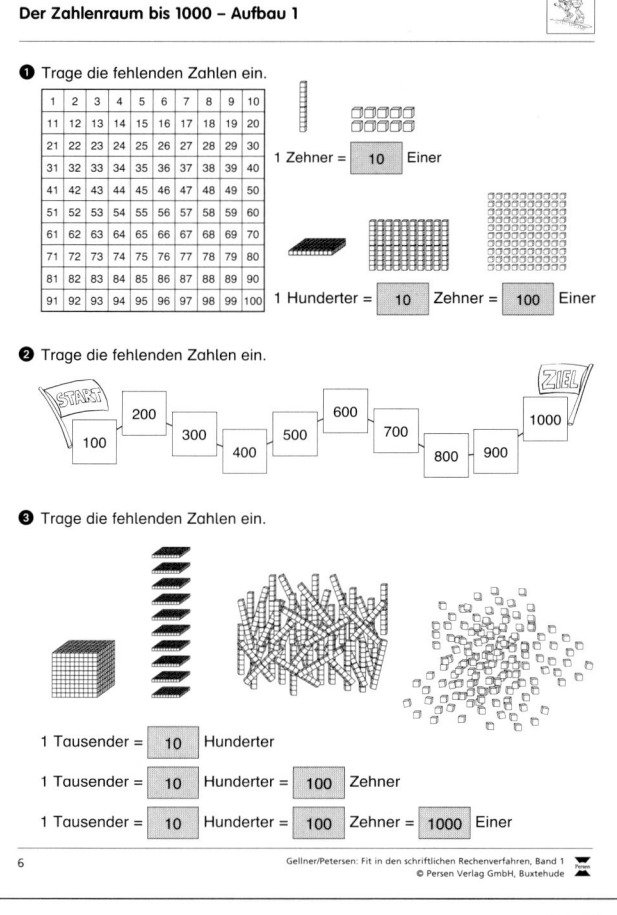

1 Tausender = **10** Hunderter

1 Tausender = **10** Hunderter = **100** Zehner

1 Tausender = **10** Hunderter = **100** Zehner = **1000** Einer

Der Zahlenraum bis 1000 – Aufbau 2

Merke:

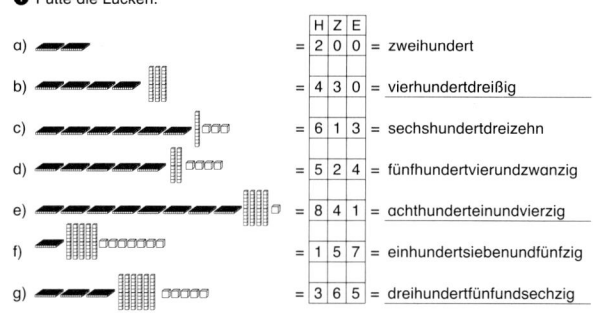

		= 1E (Einer)	= 1
		= 1Z (Zehner)	= 10
		= 1H (Hunderter)	= 100
		= 1T (Tausender)	= 1000

❶ Fülle die Lücken.

	HZE	
a)	= 2 0 0	= zweihundert
b)	= 4 3 0	= vierhundertdreißig
c)	= 6 1 3	= sechshundertdreizehn
d)	= 5 2 4	= fünfhundertvierundzwanzig
e)	= 8 4 1	= achthunderteinundvierzig
f)	= 1 5 7	= einhundertsiebenundfünfzig
g)	= 3 6 5	= dreihundertfünfundsechzig

❷ Wie heißen die Zahlen? Trage ein.

		T	H	Z	E	Zahl
a)	8 H 7 Z 4 E		8	7	4	874
b)	5 H 3 Z 9 E		5	3	9	539
c)	1 T 0 H 0 Z 0 E	1	0	0	0	1000
d)	9 H 0 Z 5 E		9	0	5	905

Der Zahlenraum bis 1000 – Orientierung 1

❶ Setze die fehlenden Zahlen ein.

a)	300	400	500	600	700	800	900	1000
b)	100	200	300	400	500	600	700	800
c)	450	460	470	480	490	500	510	520
d)	790	800	810	820	830	840	850	860
e)	310	311	312	313	314	315	316	317
f)	503	504	505	506	507	508	509	510
g)	98	99	100	101	102	103	104	105

❷ Setze das richtige Zeichen ein: < (kleiner), = (gleich) oder > (größer)

a) 400 **<** 900 b) 520 **<** 830 c) 250 **<** 851 d) 543 **<** 634

700 **=** 700   310 **>** 210   458 **>** 246   521 **>** 125

500 **>** 100   640 **=** 640   214 **<** 751   742 **>** 247

200 **<** 300   730 **<** 890   351 **>** 124   321 **>** 312

800 **>** 400   980 **>** 950   842 **=** 842   457 **<** 547

600 **>** 200   220 **>** 110   653 **<** 852   666 **<** 777

100 **<** 600   680 **=** 680   852 **>** 439   851 **>** 518

Der Zahlenraum bis 1000 – Orientierung 2

❶ Ordne die Zahlen. Beginne jeweils mit der kleinsten Zahl.

a) 100, 400, 300, 500, 600 → 100 | 300 | 400 | 500 | 600

b) 630, 620, 670, 610, 680 → 610 | 620 | 630 | 670 | 680

c) 520, 630, 70, 240, 950 → 70 | 240 | 520 | 630 | 950

d) 807, 883, 862, 891, 825 → 807 | 825 | 862 | 883 | 891

e) 55, 234, 456, 788, 129 → 55 | 129 | 234 | 456 | 788

❷ Trage richtig ein.

257   7   412   837   579   936
845   654   783   66   499   322

a) Welche Zahlen liegen zwischen 300 und 500? 322 | 412 | 499

b) Welche Zahlen liegen zwischen 500 und 800? 579 | 654 | 783

c) Welche Zahlen sind kleiner als 300? 7 | 66 | 257

d) Welche Zahlen sind größer als 800? 837 | 845 | 936

6
Gellner/Petersen: Fit in den schriftlichen Rechenverfahren, Band 1
© Persen Verlag GmbH, Buxtehude

Gellner/Petersen: Fit in den schriftlichen Rechenverfahren, Band 1
© Persen Verlag GmbH, Buxtehude
7

8
Gellner/Petersen: Fit in den schriftlichen Rechenverfahren, Band 1
© Persen Verlag GmbH, Buxtehude

Gellner/Petersen: Fit in den schriftlichen Rechenverfahren, Band 1
© Persen Verlag GmbH, Buxtehude
9

Lösungen

Der Zahlenraum bis 10 000 – Aufbau 1

Zehntausend 10 000

Merke:

▯	= 1E (Einer)	= 1
	= 1Z (Zehner)	= 10
▦	= 1H (Hunderter)	= 100
▦	= 1T (Tausender)	= 1000

❶ Trage die fehlenden Zahlen ein.

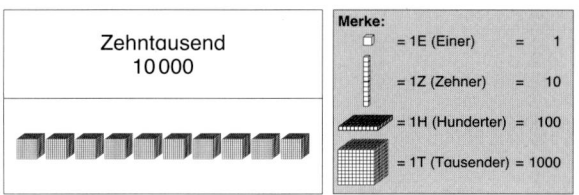

START 1000, 2000, 3000, 4000, 5000, 6000, 7000, 8000, 9000, 10 000 ZIEL

❷ Trage die fehlenden Zahlen ein.

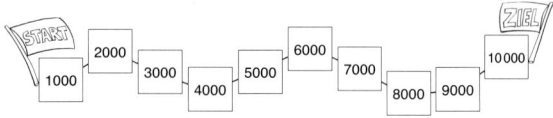

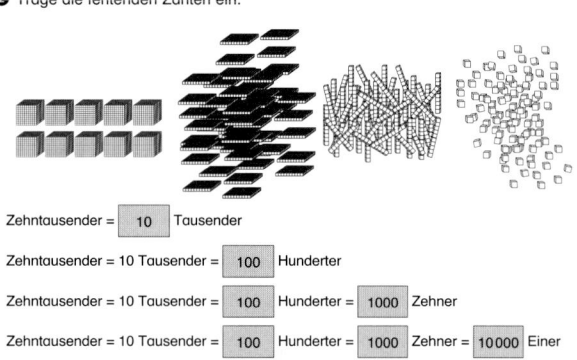

1 Zehntausender = **10** Tausender

1 Zehntausender = 10 Tausender = **100** Hunderter

1 Zehntausender = 10 Tausender = **100** Hunderter = **1000** Zehner

1 Zehntausender = 10 Tausender = **100** Hunderter = **1000** Zehner = **10 000** Einer

Der Zahlenraum bis 10 000 – Aufbau 2

Merke:

▯	= 1E (Einer)	= 1
	= 1Z (Zehner)	= 10
▦	= 1H (Hunderter)	= 100
▦	= 1T (Tausender)	= 1000

❶ Wie heißen die Zahlen? Trage ein.

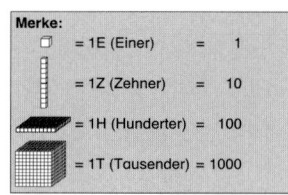 

	T	H	Z	E	Zahl
a)	2	3	2	1	2321
b)	3	2	6	2	3262
c)	1	5	3	4	1534
d)	4	1	2	3	4123

❷ Wie heißen die Zahlen? Trage ein.

		T	H	Z	E	Zahl
a)	5 T 8 H 6 Z 4 E	5	8	6	4	5864
b)	8 T 3 H 1 Z 9 E	8	3	1	9	8319
c)	9 T 2 H 6 Z 5 E	9	2	6	5	9265
d)	7 T 5 H 0 Z 1 E	7	5	0	1	7501
e)	4 T 0 H 3 Z 0 E	4	0	3	0	4030
f)	6 T 7 H 0 Z 8 E	6	7	0	8	6706

Der Zahlenraum bis 10 000 – Orientierung 1

❶ Setze die fehlenden Zahlen ein.

a)	3000	4000	5000	6000	7000	8000	9000	10 000
b)	3500	3600	3700	3800	3900	4000	4100	4200
c)	7900	8000	8100	8200	8300	8400	8500	8600
d)	6710	6720	6730	6740	6750	6760	6770	6780
e)	9880	9890	9900	9910	9920	9930	9940	9950
f)	7430	7431	7432	7433	7434	7435	7436	7437
g)	5498	5499	5500	5501	5502	5503	5504	5505

❷ Setze das richtige Zeichen ein: < (kleiner), = (gleich) oder > (größer)

a) 3400 **<** 6800	b) 7460 **>** 3460	c) 1256 **<** 8467
7400 **>** 2400	3860 **<** 8460	7836 **>** 3563
5800 **>** 3300	7540 **>** 4310	6235 **<** 8735
2300 **<** 2400	5910 **>** 1630	3412 **=** 3412
5800 **<** 8400	2510 **<** 2520	6739 **<** 7396
6100 **=** 6100	4970 **=** 4970	4237 **<** 5936
8200 **>** 2800	9890 **>** 8980	1919 **<** 9191

Der Zahlenraum bis 10 000 – Orientierung 2

❶ Ordne die Zahlen. Beginne jeweils mit der kleinsten Zahl.

a) 5000, 4000, 8000, 2000 →	2000	4000	5000	8000
b) 7200, 7900, 8000, 7100 →	7100	7200	7900	8000
c) 6200, 9100, 4300, 1500 →	1500	4300	6200	9100
d) 8430, 8410, 8400, 8490 →	8400	8410	8430	8490
e) 5620, 7610, 8010, 2950 →	2950	5620	7610	8010
f) 8452, 9362, 2743, 8523 →	2743	8452	8523	9362

❷ Trage richtig ein.

6654	3467	9362	3347	8579	10 000
	1242	4999	7183	2015	5901	888

a) Welche Zahlen liegen zwischen 3000 und 5000? | 3347 | 3467 | 4999 |

b) Welche Zahlen liegen zwischen 5000 und 8000? | 5901 | 6654 | 7183 |

c) Welche Zahlen sind kleiner als 3000? | 888 | 1242 | 2015 |

d) Welche Zahlen sind größer als 8000? | 8579 | 9362 | 10 000 |

12   Gellner/Petersen: Fit in den schriftlichen Rechenverfahren, Band 1
© Persen Verlag GmbH, Buxtehude

Gellner/Petersen: Fit in den schriftlichen Rechenverfahren, Band 1   13
© Persen Verlag GmbH, Buxtehude

74   Gellner/Petersen: Fit in den schriftlichen Rechenverfahren, Band 1
© Persen Verlag GmbH, Buxtehude

Lösungen

Die Addition

❶ Wie heißen die Plusaufgaben? Rechne sie aus.

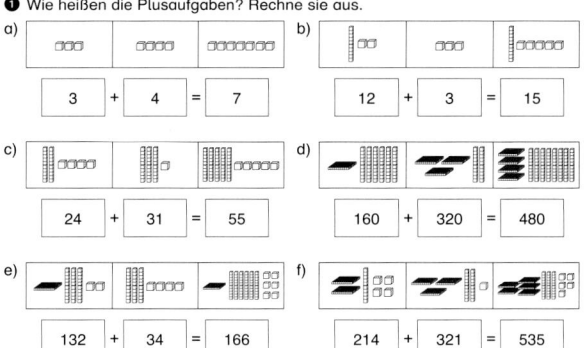

a) 3 + 4 = 7

b) 12 + 3 = 15

c) 24 + 31 = 55

d) 160 + 320 = 480

e) 132 + 34 = 166

f) 214 + 321 = 535

❷ Rechne die Aufgaben aus.

a)	b)	c)
2 + 7 = 9	16 + 5 = 21	300 + 100 = 400
4 + 6 = 10	19 + 7 = 26	500 + 200 = 700
3 + 4 = 7	40 + 20 = 60	700 + 500 = 1200
4 + 7 = 11	30 + 60 = 90	800 + 300 = 1100
8 + 5 = 13	50 + 50 = 100	567 + 2 = 569
14 + 1 = 15	90 + 60 = 150	348 + 5 = 353
12 + 5 = 17	23 + 45 = 68	237 + 41 = 278
18 + 2 = 20	55 + 31 = 86	639 + 52 = 691
19 + 3 = 22	46 + 25 = 71	173 + 516 = 689

Gellner/Petersen: Fit in den schriftlichen Rechenverfahren, Band 1
© Persen Verlag GmbH, Buxtehude

Die Subtraktion

❶ Wie heißen die Minusaufgaben? Rechne sie aus.

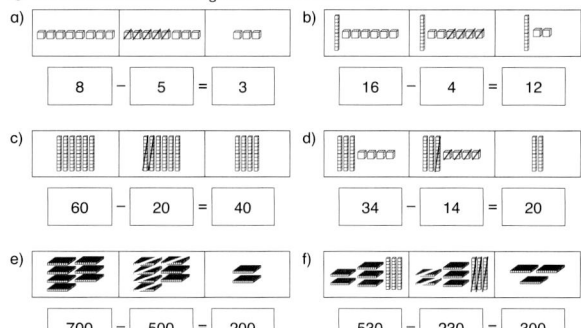

a) 8 − 5 = 3

b) 16 − 4 = 12

c) 60 − 20 = 40

d) 34 − 14 = 20

e) 700 − 500 = 200

f) 530 − 230 = 300

❷ Rechne die Aufgaben aus.

a)	b)	c)
9 − 4 = 5	60 − 20 = 40	900 − 300 = 600
8 − 5 = 3	50 − 30 = 20	400 − 200 = 200
15 − 4 = 11	100 − 70 = 30	1000 − 500 = 500
17 − 7 = 10	77 − 5 = 72	1100 − 300 = 800
20 − 5 = 15	43 − 6 = 37	570 − 40 = 530
12 − 5 = 7	52 − 4 = 48	820 − 30 = 790
14 − 6 = 8	95 − 45 = 50	965 − 4 = 961
13 − 4 = 9	88 − 22 = 66	622 − 12 = 610

Gellner/Petersen: Fit in den schriftlichen Rechenverfahren, Band 1
© Persen Verlag GmbH, Buxtehude

Der Überschlag 1

Merke:
Wir runden **ab**, wenn die rechte Nachbarzahl eine **1**, **2**, **3** oder **4** ist.
Wir runden **auf**, wenn die rechte Nachbarzahl eine **5**, **6**, **7**, **8** oder **9** ist.
Beispiele: Runde auf Zehner: 13 ≈ 10
18 ≈ 20

❶ Runde auf Zehner.
Suche die nächstgelegene Zehnerzahl und verbinde sie mit einem Pfeil.

343 = 340   341 ≈ 340   347 ≈ 350   349 ≈ 350

❷ Welcher Zehner liegt näher?
Runde die Einerstelle immer auf die Zehnerstelle.

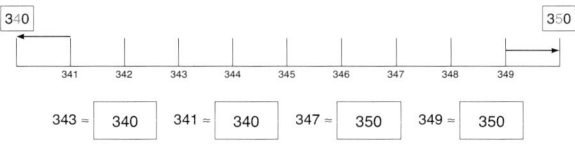

69 ≈ 70   623 ≈ 620   1738 ≈ 1740
43 ≈ 40   847 ≈ 850   4921 ≈ 4920
87 ≈ 90   425 ≈ 430   1947 ≈ 1950
32 ≈ 30   913 ≈ 910   3712 ≈ 3710
14 ≈ 10   738 ≈ 740   7359 ≈ 7360

a) Kreise alle Zahlen ein, die abgerundet wurden.
b) Unterstreiche alle Zahlen, die aufgerundet wurden.

Gellner/Petersen: Fit in den schriftlichen Rechenverfahren, Band 1
© Persen Verlag GmbH, Buxtehude

Der Überschlag 2

❶ Suche die nächstgelegene Hunderterzahl. Runde auf Hunderter!

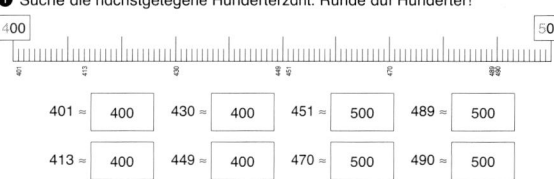

401 ≈ 400   430 ≈ 400   451 ≈ 500   489 ≈ 500

413 ≈ 400   449 ≈ 400   470 ≈ 500   490 ≈ 500

❷ Welcher Hunderter liegt näher? Runde auf Hunderter.

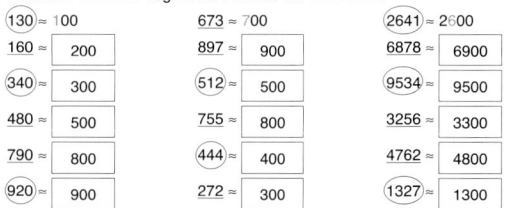

130 ≈ 100   673 ≈ 700   2641 ≈ 2600
160 ≈ 200   897 ≈ 900   6878 ≈ 6900
340 ≈ 300   512 ≈ 500   9534 ≈ 9500
480 ≈ 500   755 ≈ 800   3256 ≈ 3300
790 ≈ 800   444 ≈ 400   4762 ≈ 4800
920 ≈ 900   272 ≈ 300   1327 ≈ 1300

a) Kreise alle Zahlen ein, die abgerundet wurden.
b) Unterstreiche alle Zahlen, die aufgerundet wurden.

❸ Moritz und Marie überschlagen folgende Aufgabe: 461 + 514

Moritz überschlägt: 500 + 500 = 1000
Marie überschlägt: 460 + 510 = 970

Welcher Überschlag ist genauer?

○ Moritz
☒ Marie

Gellner/Petersen: Fit in den schriftlichen Rechenverfahren, Band 1
© Persen Verlag GmbH, Buxtehude

Gellner/Petersen: Fit in den schriftlichen Rechenverfahren, Band 1
© Persen Verlag GmbH, Buxtehude

Lösungen

Der Überschlag 3

❶ Lasse geht einkaufen.
Er nimmt 10 € mit.
Kann er alles von der Liste kaufen?
Überprüfe durch eine Überschlagsrechnung.
Runde auf ganze Euro.

A: Ja, er kann alles kaufen, was auf der Liste steht.

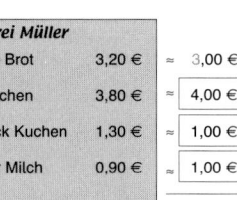

Bäckerei Müller

1 Laib Brot	3,20 €	≈	3,00 €
10 Brötchen	3,80 €	≈	4,00 €
1 Stück Kuchen	1,30 €	≈	1,00 €
1 Liter Milch	0,90 €	≈	1,00 €
			9,00 €

❷ Lotta geht einkaufen.
Sie nimmt 38 € mit.
Kann sie alles von der Liste kaufen?
Überprüfe durch eine Überschlagsrechnung.
Runde auf ganze Euro.

A: Nein, sie kann leider nicht alles kaufen, was auf der Liste steht.

Schreibwaren Meyer

Radiergummi	1,99 €	≈	2,00 €
10 Hefte	4,32 €	≈	4,00 €
Farbkasten	10,25 €	≈	10,00 €
Füller	23,98 €	≈	24,00 €
			40,00 €

❸ Familie Rück war im Skiurlaub.
Wie viel Geld hat Familie Rück ungefähr ausgegeben?
Runde auf ganze Euro.

A: Familie Rück hat ungefähr 1455 € ausgegeben.

Hotel	489,99 €	≈	490,00 €
Skipass	210,12 €	≈	210,00 €
Restaurants	200,49 €	≈	200,00 €
Neue Skier	399,71 €	≈	400,00 €
Sonstiges	155,39 €	≈	155,00 €
			1455,00 €

❹ Beim letzten Schulfest kamen etwa 400 Gäste.
Die Zahl wurde auf den Hunderter gerundet.
Wie viele Gäste könnten es genau gewesen sein?
Schreibe 4 Möglichkeiten auf.
z. B. 421, 434, 443, 419
Es könnten 421, 434, 443, 419 Gäste gewesen sein.

Wiederholung der halbschriftlichen Addition

Felix und Nina zählen **halbschriftlich** zusammen (addieren). Vergleiche.
Wie würdest du rechnen?

Felix

H	Z	E		H	Z	E		H	Z	E
3	1	2	+	2	1	7	=			
3	1	2	+	2	0	0	=	5	1	2
5	1	2	+		1	0	=	5	2	2
5	2	2	+			7	=	5	2	9
3	1	2	+	2	1	7	=	5	2	9

Nina

H	Z	E		H	Z	E		H	Z	E
3	1	2	+	2	1	7	=			
3	0	0	+	2	0	0	=	5	0	0
1	0		+		1	0	=		2	0
		2	+			7	=			9
3	1	2	+	2	1	7	=	5	2	9

❶ Rechne wie Felix oder Nina.

a) (Nina)

H	Z	E		H	Z	E		H	Z	E
4	1	3	+	1	2	4	=			
4	0	0	+	1	0	0	=	5	0	0
	1	0	+		2	0	=		3	0
		3	+			4	=			7
4	1	3	+	1	2	4	=	5	3	7

b) (Nina)

H	Z	E		H	Z	E		H	Z	E
1	4	6	+	3	1	2	=			
1	0	0	+	3	0	0	=	4	0	0
	4	0	+		1	0	=		5	0
		6	+			2	=			8
1	4	6	+	3	1	2	=	4	5	8

c) (Felix)

H	Z	E		H	Z	E		H	Z	E
5	3	1	+	4	5	2	=			
5	3	1	+	4	0	0	=	9	3	1
9	3	1	+		5	0	=	9	8	1
9	8	1	+			2	=	9	8	3
5	3	1	+	4	5	2	=	9	8	3

d) (Felix)

H	Z	E		H	Z	E		H	Z	E
2	5	4	+	1	3	2	=			
2	5	4	+	1	0	0	=	3	5	4
3	5	4	+		3	0	=	3	8	4
3	8	4	+			2	=	3	8	6
2	5	4	+	1	3	2	=	3	8	6

e) (Nina)

H	Z	E		H	Z	E		H	Z	E
2	4	2	+	3	4	3	=			
2	0	0	+	3	0	0	=	5	0	0
	4	0	+		4	0	=		8	0
		2	+			3	=			5
2	4	2	+	3	4	3	=	5	8	5

f) (Felix)

H	Z	E		H	Z	E		H	Z	E
4	4	4	+	5	5	5	=			
4	4	4	+	5	0	0	=	9	4	4
9	4	4	+		5	0	=	9	9	4
9	9	4	+			5	=	9	9	9
4	4	4	+	5	5	5	=	9	9	9

Einführung der schriftlichen Addition

Rechne schriftlich: 23 + 14

Merke:
Einer unter Einer, Zehner unter Zehner. Beginne immer bei den Einern!

	Z	E		Z	E
				2	3
+			+	1	4
				3	7

Ich spreche und schreibe:
4 E plus 3 E ist gleich 7 E, ich notiere **7 E.**

1 Z plus 2 Z ist gleich 3 Z, ich notiere **3 Z.**

❶ Die Lösungsschritte der folgenden Aufgabe sind durcheinandergeraten.
Ordne richtig. Trage dazu die Zahlen 1, 2 und 3 in die Kreise ein.

② 2 Z plus 3 Z ist gleich 5 Z, ich notiere 5 Z.

① 5 E plus 2 E ist gleich 7 E, ich notiere 7 E.

③ 4 H plus 1 H ist gleich 5 H, ich notiere 5 H.

	H	Z	E
	1	3	2
+	4	2	5
	5	5	7

❷ Fülle alle Lücken aus.

a) 3 E plus 4 E ist gleich **7** E, ich notiere **7** E.

b) 6 Z plus 2 Z ist gleich **8** Z, ich notiere **8** Z.

c) **1** H plus 5 H ist gleich 6 H, ich notiere 6 H.

	H	Z	E
	5	2	4
+	1	6	3
	6	8	7

Einer-, Zehner- und Hunderterzahlen

❶ Rechne schriftlich.

a)

E		E		E		E		E		E
2		6		1		3		7		8
+ 4		+ 3		+ 4		+ 5		+ 2		+ 1
6		9		5		8		9		9

b)

Z	E		Z	E		Z	E		Z	E		Z	E		Z	E
1	0		4	0		3	0		2	0		4	0		2	0
+ 5	0		+ 3	0		+ 3	0		+ 5	0		+ 1	0		+ 6	0
6	0		7	0		6	0		7	0		5	0		8	0

c)

H	Z	E		H	Z	E		H	Z	E		H	Z	E		H	Z	E
3	0	0		1	0	0		5	0	0		4	0	0		2	0	0
+ 4	0	0		+ 1	0	0		+ 4	0	0		+ 4	0	0		+ 2	0	0
7	0	0		2	0	0		9	0	0		8	0	0		4	0	0

❷ Ergänze fehlende Ziffern.

	H	Z	E		H	Z	E		H	Z	E		H	Z	E		H	Z	E
		6				3	0	0			2	0		1	0	0			1	0	0
+		2		+	4	0	0		+	7	0		+	5	0	0		+	7	0	0
		8			7	0	0			9	0		6	0	0			8	0	0

❸ Trage ein: 3 Mädchen zählen ihr gespartes Geld.
Lina: 20 Euro
Marie: 30 Euro
Rania: 40 Euro
Wie viele Euro haben sie zusammen?

A: Zusammen haben sie 90 €

	Z	E
	2	0
+	3	0
+	4	0
	9	0

Lösungen

ZE + E, ZE + ZE

❶ Verbinde die jeweiligen Lösungsschritte mit der dazugehörigen Aufgabe.

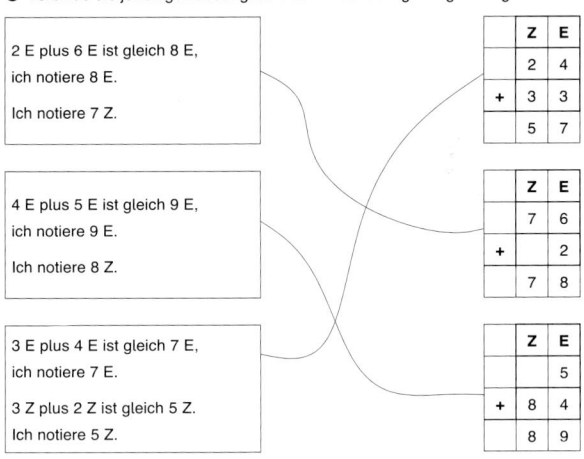

2 E plus 6 E ist gleich 8 E,
ich notiere 8 E.
Ich notiere 7 Z.

4 E plus 5 E ist gleich 9 E,
ich notiere 9 E.
Ich notiere 8 Z.

3 E plus 4 E ist gleich 7 E,
ich notiere 7 E.
3 Z plus 2 Z ist gleich 5 Z.
Ich notiere 5 Z.

	Z	E
	2	4
+	3	3
	5	7

	Z	E
	7	6
+		2
	7	8

	Z	E
		5
+	8	4
	8	9

❷ Addiere die Zahlen.

a)
	Z	E
		4
+	6	2
	6	6

b)
	Z	E
	5	3
+		6
	5	9

c)
	Z	E
	2	6
+	6	2
	8	8

d)
	Z	E
	4	0
+	5	3
	9	3

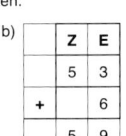 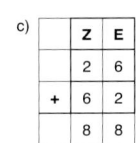 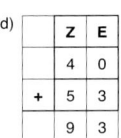

Übungen: ZE + E, ZE + ZE

❶ Überschlage zuerst. Berechne dann das genaue Ergebnis. Kann dein Ergebnis stimmen? Vergleiche mit dem Ergebnis der Überschlagsrechnung.

a)

Z	E		Z	E		Z	E		Z	E		Z	E		Z	E
2	4			3		5	0			3		4	1			3
+	5	+	8	1	+		2	+	7	5	+		4	+	6	4
2	9		8	4		5	2		7	8		4	5		6	7

Überschlag: 25 · 83 · 52 · 83 · 44 · 63

b)

Z	E		Z	E		Z	E		Z	E		Z	E		Z	E
2	8		3	4		6	3		4	2		2	3		5	3
+	5 1	+	1	4	+	2	0	+	5	3	+	7	4	+	3	5
7	9		4	8		8	3		9	5		9	7		8	8

Überschlag: 80 · 40 · 80 · 90 · 90 · 90

c)

Z	E		Z	E		Z	E		Z	E		Z	E		Z	E
5	0		6	6		4	6		1	3		7	2		3	2
+	1 5	+	2	1	+	2	3	+	7	0	+	2	7	+	1	0
6	5		8	7		6	9		8	3		9	9		4	2

Überschlag: 70 · 90 · 70 · 80 · 100 · 40

❷ Ergänze fehlende Ziffern.

	Z	E		Z	E		Z	E		Z	E		Z	E		Z	E
	5			8	7		1	3		2	8		**5**	**4**		**7**	**4**
+	5	3	+		2	+	3	4	+		**1**	+	4	2	+	1	4
	5	**8**		**8**	**9**		4	7		**2**	**9**		9	6		**8**	**8**

	Z	E		Z	E		Z	E		Z	E		Z	E		Z	E
		2		6	7		2	9		**3**	**3**			3		**6**	**2**
+	2	2	+		2	+	**3**	**0**	+		5	+	**8**	**1**	+	3	1
	2	4		**6**	**9**		5	9		3	8		8	4		9	3

Anwendung: ZE + E, ZE + ZE

❶ Schreibe untereinander und addiere. Überschlage zuerst.

a) 32 + 56   b) 73 + 15   c) 5 + 64   d) 35 + 34   e) 73 + 4

	Z	E		Z	E		Z	E		Z	E		Z	E
	3	2		7	3			5		3	5		7	3
+	5	6	+	1	5	+	6	4	+	3	4	+		4
	8	8		8	8		6	9		6	9		7	7

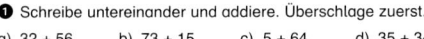

❷ Melina war am Wochenende inlinern.
Wie viele Kilometer ist sie insgesamt gefahren?

Samstag: 12 km
Sonntag: 13 km

	Z	E
	1	2
+	1	3
	2	5

Antwort: Sie ist insgesamt 25 km gefahren.

❸ a) Wie viel haben die Geschwister jeweils gespart? Rechne aus.
Lena (46 €) und Nina (32 €)
Fatima (53 €) und Mehmet (24 €)
Mia (65 €) und Ole (14 €)

(2)
	Z	E
	4	6
+	3	2
	7	8

(3)
	Z	E
	5	3
+	2	4
	7	7

(1)
	Z	E
	6	5
+	1	4
	7	9

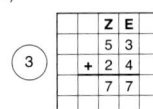 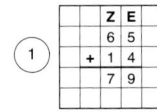

b) Welches Geschwisterpaar hat am meisten gespart?
Ordne die Ersparnisse der Größe nach:
Trage die Zahlen 1, 2 und 3 in die Kreise ein.
Beginne mit dem größten Betrag.

HZE + E

❶ Zu welchen Aufgaben gehören die Lösungsschritte?
Verbinde und trage die fehlenden Zahlen ein.

	H	Z	E
	5	4	3
+			6
	5	4	9

	H	Z	E
	5	4	2
+			1
+			4
	5	4	9

	H	Z	E
			3
+			4
+	5	4	2
	5	4	9

	H	Z	E
			8
+	5	4	1
	5	4	9

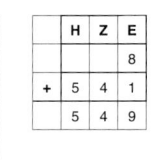

2 E plus [4] E plus [3] E
ist gleich 9 E,
ich notiere 9 E.
Ich notiere 4 Z.
Ich notiere 5 H.

2 E plus [4] E plus [1] E
plus [2] E ist gleich 9 E,
ich notiere 9 E.
Ich notiere 4 Z.
Ich notiere 5 H.

❷ Addiere die Zahlen.

a)
	H	Z	E
	7	9	3
+			2
	7	9	5

b)
	H	Z	E
	2	5	1
+			6
+			2
	2	5	9

c)
	H	Z	E
			2
+			4
+			1
+	6	7	1
	6	7	8

Lösungen

Übungen: HZE + E

❶ Überschlage zuerst. Berechne dann das genaue Ergebnis. Kann dein Ergebnis stimmen? Vergleiche mit dem Ergebnis der Überschlagsrechnung.

a)

H	Z	E		H	Z	E		H	Z	E		H	Z	E
2	4	6				3				1		6	2	3
+		3	+			2	+			1	+			2
2	4	9	+	9	4	2	+			1	+			4
				9	4	7	+	4	2	5		6	2	9
								4	2	8				

Überschlag: 253/250   945/940   433/430   626/620

b)

H	Z	E		H	Z	E		H	Z	E		H	Z	E
		7		3	0	1				1		5	0	3
+		2	+			3	+			4	+			2
+	1	7	0	+			1	+	9	9	0	+			1
1	7	9	+			1	+			1		5	0	6
				3	0	8	+			3				
								9	9	9				

Überschlag: 179/180   307/300   999/990   503/500

❷ Ergänze fehlende Ziffern.

	6	4	3		3	1	6		5	2	1		6	0	7		1	2	1
+			5	+			2	+			3	+			0	+			5
	6	4	8		3	1	8		5	2	4		6	0	7		1	2	6

			4				2				1				1				3
+	4	5	3	+	6	5	2	+	9	9	8	+	7	3	3	+	8	0	4
	4	5	7		6	5	4		9	9	9		7	3	4		8	0	7

❸ Einige der Ergebnisse sind falsch. Rechne nach und korrigiere.

			4				8				6				5				3
+	7	4	3	+	5	3	1	+	8	0	2	+	9	6	3	+	1	9	2
	7	4	6̷		5	3	7̷		8	1̷	8		9	6	8		1	9	7̷
			7				9												5

Anwendung: HZE + E

❶ Schreibe untereinander und addiere schriftlich. Überschlage zuerst.

a) 351 + 5 + 2   b) 1 + 4 + 3 + 760   c) 543 + 3 + 3   d) 822 + 2 + 3 + 2

H	Z	E		H	Z	E		H	Z	E		H	Z	E
3	5	1				1		5	4	3		8	2	2
+		5	+			4	+			3	+			2
+		2	+			3	+			3	+			3
3	5	8	+	7	6	0		5	4	9	+			2
				7	6	8						8	2	9

❷ Prüfe, welches Hotel das günstigste Angebot hat. Überschlage zuerst. Berechne dann das genaue Ergebnis. Kann dein Ergebnis stimmen? Vergleiche mit dem Ergebnis der Überschlagsrechnung.

Hotel zur Post	
2 Übernachtungen:	122 €
1 Tasse Kaffee:	2 €
1 Stück Kuchen:	2 €
Kurbeitrag pro Tag:	1 €

Hotel Nordseeblick	
1 Tasse Kaffee:	2 €
1 Stück Kuchen:	3 €
Kurbeitrag pro Tag:	1 €
2 Übernachtungen:	120 €

Hotel über dem Deich	
Kurbeitrag pro Tag:	1 €
2 Übernachtungen:	124 €
1 Tasse Kaffee:	2 €
1 Stück Kuchen:	2 €

H	Z	E		H	Z	E		H	Z	E
1	2	2				2				1
+		2	+			3	+	1	2	4
+		2	+			1	+			2
+		1	+	1	2	0	+			2
1	2	7		1	2	6		1	2	9

Antwort: Das günstigste Angebot hat das Hotel Nordseeblick mit 126 €.

HZE + ZE, HZE + HZE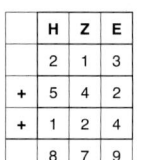

❶ Die Lösungsschritte sind unvollständig. Fülle die Lücken aus.

H	Z	E
	5	7
+ 6	4	2
6	9	9

2 **E** plus **7** E ist gleich **9** E, ich notiere **9** E.

4 Z plus **5** Z ist gleich **9** Z, ich notiere **9** Z.

Ich notiere **6** H.

H	Z	E
2	1	3
+ 5	4	2
+ 1	2	4
8	7	9

4 E plus 2 **E** plus 3 E ist gleich 9 **E**, ich notiere **9** E.

2 **Z** plus 4 Z plus **1** Z ist gleich **7** Z, ich notiere 7 **Z**.

1 H plus **5** H plus **2** H ist gleich 8 **H**, ich notiere **8** H.

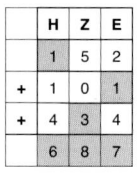

H	Z	E
1	5	2
+ 1	0	1
+ 4	3	4
6	8	7

3 E plus 1 E plus 2 E ist gleich 7 **E**, ich notiere 7 E.

3 Z plus 0 Z plus **5** Z ist gleich **8** Z, ich notiere 8 **Z**.

4 H plus 1 H plus 1 H ist gleich 6 **H**, ich notiere **6** H.

Übungen: HZE + ZE

❶ Bilde 5 Plusaufgaben aus den Zahlen. Rechne schriftlich aus.

(743)   (35)   (124)   (52)

H	Z	E		Z	E		H	Z	E		H	Z	E		H	Z	E
7	4	3		3	5		1	2	4		7	4	3			3	5
+	3	5	+	5	2	+	7	4	3	+		5	2	+	1	2	2
+	1	2	4	8	7	+	8	6	7	+	7	9	5	+		5	2
+		5	2													1	1
	1	1													2	1	1
9	5	4															

❷ Ergänze fehlende Ziffern.

H	Z	E		H	Z	E		H	Z	E		H	Z	E		H	Z	E
4	1	7			2	1		4	6	2		2	5	0			2	2
+		2	2	+	1	5	5	+	2	0	4	+	1	2	4	+	4	3	5
4	3	9		1	7	6		6	6	6	+	2	0	2	+	4	0	1
											+		1	1	+		1	1
												5	8	7		8	6	9

❸ Einige der Ergebnisse sind falsch. Rechne nach und korrigiere.

H	Z	E		H	Z	E		H	Z	E		H	Z	E		H	Z	E
1	0	9		4	6	3		3	7	2		6	2	0		7	4	4
+ 4	7	0	+		1	2	+ 6	0	4	+		4	1	+ 1	5	3
5	7	9		4	7	4̷		8̷	7	7		6	6	1		8	8̷	7
						5		6										9

H	Z	E		H	Z	E		H	Z	E		H	Z	E		H	Z	E
	8	1		7	0	7			1	0		1	4	1			9	1
+ 3	1	7	+	2	1	2	+ 9	8	9	+	1	2	3	+ 7	0	1
3	9	8		8̷	1	9		9	9	9		2	6	5̷		7	9	2
				9										4				

Lösungen

---

❶ Nicki möchte sich eine Spielekonsole und 2 Spiele kaufen. Im Internet findet er 3 verschiedene Angebote. Welches ist das günstigste Angebot? Markiere.

Angebot 1:
Konsole 221 €
2 Spiele 78 €

Angebot 2:
Konsole 201 €
2 Spiele 97 €

Angebot 3:
Konsole 186 €
2 Spiele 111 €

	H	Z	E
	2	2	1
+		7	8
	2	9	9

	H	Z	E
	2	0	1
+		9	7
	2	9	8

	H	Z	E
	1	8	6
+	1	1	1
	2	9	7

❷ Die Schüler der Klasse M1 der Astrid-Lindgren-Schule in Limbach haben letzte Woche an den Bundesjugendspielen teilgenommen. Berechne jeweils ihre Gesamtpunktzahl. Trage diese in die Tabelle ein. Wer hat die meisten Punkte?

Name	100-m-Lauf	Ballwurf	Weitsprung	Gesamtpunktzahl
Luisa	213	202	364	779
Alisha	52	301	316	669
Kim	53	230	110	393
Celine	253	131	215	599
Tom	355	321	122	798
Calvin	304	92	103	499
Joel	317	311	310	938
Lukas	200	88	111	399

A: Die meisten Punkte hat Joel mit 938 Punkten.

Rechne schriftlich: 25 + 6

Achtung:
Einer unter Einer, Zehner unter Zehner.

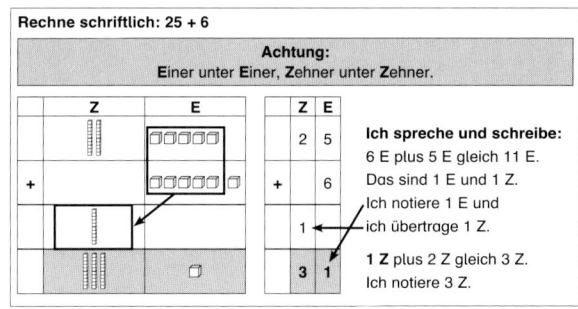

	Z	E
	2	5
+		6
1		
	3	1

Ich spreche und schreibe:
6 E plus 5 E gleich 11 E.
Das sind 1 E und 1 Z.
Ich notiere 1 E und ich übertrage 1 Z.

1 Z plus 2 Z gleich 3 Z.
Ich notiere 3 Z.

❶ Die Lösungsschritte der folgenden Aufgabe sind durcheinandergeraten. Ordne richtig. Trage dazu die Zahlen 1, 2 und 3 in die Kreise ein.

② 1 Z plus 5 Z plus 7 Z ist gleich 13 Z, das sind 3 Z und **1 H**, ich notiere 3 Z, ich übertrage **1 H**.

① 8 E plus 4 E ist gleich 12 E, das sind 2 E und **1 Z**, ich notiere 2 E, ich übertrage **1 Z**.

③ **1 H** plus 1 H plus 2 H ist gleich 4 H, ich notiere 4 H.

	H	Z	E
	2	7	4
+	1	5	8
	1	1	
	4	3	2

---

❶ Verbinde die jeweiligen Lösungsschritte mit der dazugehörigen Aufgabe.

6 E plus 9 E ist gleich 15 E, das sind 5 E und **1 Z**, ich notiere 5 E, ich übertrage **1 Z**.
1 Z plus 6 Z ist gleich 7 Z, ich notiere 7 Z.

	Z	E
	3	5
+	2	8
	1	
	6	3

2 E plus 9 E ist gleich 11 E, das sind 1 E und **1 Z**, ich notiere 1 E, ich übertrage **1 Z**.
1 Z plus 2 Z plus 9 Z ist gleich 12 Z, das sind 2 Z und 1 H, ich notiere 2 Z, ich übertrage **1 H**.
Ich notiere **1 H**.

	Z	E
	6	9
+		6
	1	
	7	5

8 E plus 5 E ist gleich 13 E, das sind 3 E und **1 Z**, ich notiere 3 E, ich übertrage **1 Z**.
1 Z plus 2 Z plus 3 Z ist gleich 6 Z, ich notiere 6 Z.

	H	Z	E
		9	9
+		2	2
	1	1	
	1	2	1

❷ Addiere schriftlich.

a)

	Z	E
		6
+	8	8
	1	
	9	4

b)

	Z	E
	3	9
+		9
	1	
	4	8

c)

	Z	E
	2	6
+	5	5
	1	
	8	1

d)

	H	Z	E
		4	6
+		7	8
		1	
	1	2	4

❶ Überschlage zuerst. Berechne dann das genaue Ergebnis. Kann dein Ergebnis stimmen? Vergleiche mit dem Ergebnis der Überschlagsrechnung.

a)

	Z	E		Z	E		Z	E		Z	E		Z	E		Z	E
	2	7			9		5	6		7	8		2	5		4	3
+	2	7	+	8	9	+		6	+		8	+	3	6	+	2	9
		1			1			1			1			1			1
	5	4		9	8		6	2		8	6		6	1		7	2

Überschlag: ___60___ ___100___ ___70___ ___90___ ___70___ ___70___

b)

	Z	E		Z	E		Z	E		Z	E		Z	E		Z	E
		8		6	4		3	3			8		4	6		2	6
+	5	2	+	1	7	+	3	9	+	4	5	+	2	9	+	6	8
		1			1			1			1			1			1
	6	0		8	1		7	2		5	3		7	5		9	4

Überschlag: ___60___ ___80___ ___70___ ___60___ ___80___ ___100___

c)

	H	Z	E		H	Z	E		H	Z	E		H	Z	E		H	Z	E
		5	8			4	3			5	6			9	5			8	3
+		5	3	+		9	8	+		7	2	+		7	0	+		3	7
		1	1			1	1			1				1				1	1
	1	1	1		1	4	1		1	2	8		1	6	5		1	2	0

Überschlag: ___110___ ___140___ ___130___ ___170___ ___120___

❷ Ergänze fehlende Ziffern und Überträge.

a)

	Z	E
		5
+	6	7
	1	
	7	2

b)

	Z	E
	5	7
+		7
	1	
	6	4

c)

	Z	E
	2	5
+	3	8
	1	
	6	3

d)

	Z	E
	3	8
+		4
	4	2

e)

	Z	E
	3	5
+	4	9
	1	
	8	4

f)

	H	Z	E
		1	8
+		8	6
		1	1
	1	0	4

g)

	H	Z	E
		9	4
+			8
		1	
	1	0	2

h)

	H	Z	E
		8	7
+		5	7
		1	1
	1	4	4

i)

	H	Z	E
			9
+		9	9
		1	1
	1	0	8

Lösungen

❶ Schreibe untereinander und addiere. Überschlage zuerst.

a) 44 + 27   b) 46 + 76   c) 9 + 85   d) 63 + 67   e) 53 + 39

Ü:	7	0		1	2	0		1	0	0		1	3	0		9	0
	Z	E		H	Z	E			Z	E		H	Z	E		Z	E
	4	4			4	6				9			6	3		5	3
+	2	7	+		7	6	+		8	5	+		6	7	+	3	9
	1				1	1			1				1	1		1	
	7	1		1	2	2			9	4		1	3	0		9	2

❷ Mehmet und Julia machen eine mehrtägige Radtour mit Übernachtung.
Wie viele Kilometer waren die beiden am Wochenende unterwegs?

Samstag: 48 km
Sonntag: 54 km

	H	Z	E
		4	8
+		5	4
		1	
	1	0	2

Antwort: _____102 km_____

❸ Welches Geschwisterpaar hat am meisten gespart?
Ordne die Ersparnisse der Größe nach:
Trage die Zahlen 1, 2 und 3 in die Kreise ein.
Beginne mit dem kleinsten Betrag.

Jelena (88 €) und Oxana (64 €)
Lara (99 €) und Anna (58 €)
Max (74 €) und Peter (39 €)

 ②
	H	Z	E
		8	8
+		6	4
		1	
	1	5	2

 ①
	H	Z	E
		9	9
+		5	8
		1	
	1	5	7

 ③
	H	Z	E
		7	4
+		3	9
		1	1
	1	1	3

---

❶ Zu welcher Aufgabe gehören die Lösungsschritte? Markiere.

	H	Z	E
	1	2	5
+			9
			1
	1	3	4

	H	Z	E
	5	4	7
+			1
+			4
+			5
		1	
	5	5	7

	H	Z	E
			1
+			4
+	3	0	5
			1
	3	1	0

	H	Z	E
			9
+	8	9	2
		1	1
	9	0	1

5 E plus 4 E plus 1 E ist gleich 10 E,
das sind 0 E und **1 Z**,
ich notiere 0 E, ich übertrage **1 Z**.

1 Z + 0 Z ist gleich 1 Z,
ich notiere 1 Z.

Ich notiere 3 H.

Wie lautet die Sprechweise für die anderen Aufgaben?
Sprich einem Partner vor.

❷ Addiere schriftlich.

a)
	H	Z	E
	4	9	8
+			7
		1	1
	5	0	5

b)
	H	Z	E
	2	4	6
+			8
+			3
			1
	2	5	7

c)
	H	Z	E
			2
+			4
+			7
+	6	5	1
			1
	6	6	4

---

❶ Überschlage zuerst. Berechne dann das genaue Ergebnis. Kann dein
Ergebnis stimmen? Vergleiche mit dem Ergebnis der Überschlagsrechnung.

a)
	H	Z	E		H	Z	E		H	Z	E		H	Z	E
	3	3	5				7				6		6	9	1
+			9	+			6	+			8	+			2
				+	5	0	1	+			2	+			7
	3	4	4				1	+	8	7	3		1	1	
					5	1	4				1		7	0	0
									8	8	9				

Überschlag: _____ _____ _____ _____

b)
	H	Z	E		H	Z	E		H	Z	E		H	Z	E
			7		2	0	4				1		2	8	9
+			2	+			3	+			9	+			9
+	9	6	9	+			3	+	1	9	3	+			1
	9	7	8	+			3	+			1			1	
							1	+			2		2	9	9
					2	1	3		1	1					
									2	0	6				

Überschlag: _____ _____ _____ _____

❷ Ergänze fehlende Ziffern und Überträge.

a)
	H	Z	E
	4	0	5
+			6
		1	
	4	1	1

b)
	H	Z	E
			6
+			5
+	6	0	1
		1	
	6	1	2

c)
	H	Z	E
			4
+			5
+			2
+	7	3	1
		1	
	7	4	2

d)
	H	Z	E
	7	9	2
+			1
+			5
	1	1	
	8	0	0

e)
	H	Z	E
			6
+			6
+	1	2	7
		1	
	1	3	9

f)
	H	Z	E
	5	0	3
+			8
+			2
+			1
		1	
	5	1	4

g)
	H	Z	E
			1
+			3
+			5
+	8	9	1
		1	1
	9	0	0

h)
	H	Z	E
	3	7	3
+			9
+			6
	3	8	8

---

❶ Schreibe untereinander und addiere schriftlich. Überschlage zuerst.

a) 255 + 9 + 5   b) 1 + 3 + 8 + 290   c) 421 + 9 + 9   d) 881 + 2 + 7 + 6

	H	Z	E		H	Z	E		H	Z	E		H	Z	E
	2	5	5				1		4	2	1		8	8	1
+			9	+			3	+			9	+			2
+			5	+			8	+			9	+			7
		1		+	2	9	0			1		+			6
	2	6	9		1	1			4	3	9				1
					3	0	2						8	9	6

❷ Welches Geschäft hat das günstigste Angebot?

a) Beantworte die Frage durch eine Überschlagsrechnung.

Elektro Möller
LCD-TV Samsung: 750 €
Scart-Kabel: 9 €
Antennenkabel: 8 €
Batterien: 2 €

Elektromarkt Hartwig
Antennenkabel: 7 €
Batterien: 3 €
Scart-Kabel: 4 €
LCD-TV Samsung: 754 €

Rehm Electronics
Batterien: 6 €
LCD-TV Samsung: 740 €
Antennenkabel: 9 €
Scart-Kabel: 3 €

Überschlag: _770_   Überschlag: _770_   Überschlag: _760_

Antwort: _Rehm Electronics hat das günstigste Angebot._

b) Berechne nun die genauen Gesamtpreise schriftlich.

	H	Z	E		H	Z	E		H	Z	E
	7	5	0				7				6
+			9	+			3	+	7	4	0
+			8	+			4	+			9
+			2	+	7	5	4	+			3
						1					
	7	6	9		7	6	8		7	5	8

Lösungen

HZE + ZE, HZE + HZE

❶ Die Lösungsschritte sind unvollständig. Fülle die Lücken aus.

H	Z	E
5	3	7
+		7	4
	1	1
6	1	1

4 **E** plus 7 E ist gleich **11** E,

das sind 1 E und 1 **Z**,

ich notiere **1** E, ich übertrage 1 Z.

1 Z plus 7 Z plus 3 Z ist gleich **11** Z,

das sind 1 **Z** und 1 H,

ich notiere 1 **Z**, ich übertrage 1 H.

1 H plus **5** H ist gleich 6 H,

ich notiere **6** H.

H	Z	E
4	2	3
3	5	9
+	1	4	9
	1	2
9	3	1

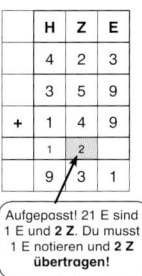

Aufgepasst! 21 E sind 1 E und **2 Z**. Du musst 1 E notieren und **2 Z** übertragen!

9 E plus 9 **E** plus 3 E ist gleich 21 **E**,

das sind 1 E und 2 Z,

ich notiere 1 E, ich übertrage 2 Z.

2 **Z** plus 4 Z plus 5 Z plus 2 Z ist gleich **13** Z,

das sind 3 Z und 1 **H**,

ich notiere 3 **Z**, ich übertrage 1 **H**.

1 H plus 1 H plus 3 H plus 4 H ist gleich 9 **H**,

ich notiere **9** H.

Übungen: HZE + ZE, HZE + HZE

❶ Bilde 5 Plusaufgaben aus den Zahlen. Rechne schriftlich aus.

(656) (56) (284) (71)

Beispiellösung:

H	Z	E		H	Z	E		H	Z	E		H	Z	E		H	Z	E
6	5	6			7	1		6	5	6			5	6		6	5	6
+ 2	8	4		+	5	6		+	7	1		+ 2	8	4		+ 2	8	4
+	5	6		+ 2	8	4												
	1	1			2	1		7	2	7		3	4	0		9	4	0
9	9	6		4	4	1												

❷ Ergänze fehlende Ziffern.

a)

H	Z	E
6	5	8
+ 2	5	3
	1	1
9	1	1

b)

H	Z	E
3	7	0
+ 2	4	8
+ 1	0	4
+	9	9
	2	2
8	2	1

c)

H	Z	E
	8	8
+ 1	0	2
+	5	5
+	6	7
+	1	3
	2	2
3	2	5

d)

T	H	Z	E
	9	8	6
+	7	5	5
	1	1	1
1	7	4	1

❸ Die Ergebnisse der folgenden Aufgaben sind falsch. Korrigiere.

a)

H	Z	E
8	3	8
+	8	8
	1	1
8	2	7
9		6

b)

H	Z	E
	4	3
+ 1	0	0
+ 6	8	8
+	8	9
	2	2
9	3	0
	2	

c)

H	Z	E
4	6	6
+	2	9
+ 1	0	9
+	7	1
+ 2	4	0
	2	2
7	1	4
9		5

d)

T	H	Z	E
	8	9	3
+	6	0	0
+		8	8
+		1	9
+		2	5
	1	2	2
1	6	1	5
		2	

Anwendung: HZE + ZE, HZE + HZE

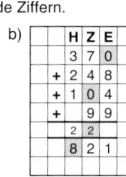

❶ Die Schüler der Klasse H2 der Jim-Knopf-Schule in Florstadt haben letzte Woche an den Bundesjugendspielen teilgenommen. Berechne jeweils ihre Gesamtpunktzahl. Trage diese in die Tabelle ein. Wer hat die meisten Punkte?

Name	100 m-Lauf	Ballwurf	Weitsprung	Gesamtpunktzahl
Eileen	319	209	367	895
Kiara	87	375	98	560
Ebru	63	287	62	412
Vincent	253	185	264	702
Olga	207	77	159	443
Nikolai	375	366	309	1050
Hamid	306	95	179	580
Erkan	397	391	385	1173
Paul	199	88	178	465
Lucas	89	157	138	384

A: Erkan hat mit 1173 Punkten die meisten Punkte.

❷ Rechne die Aufgaben schriftlich aus.
Male die Flaggen aus. Finde heraus, zu welchen Ländern die Flaggen gehören. Schreibe den Namen zur Flagge.

533 = rot   804 = grün   614 = gelb
1294 = weiß   224 = blau   962 = schwarz

459 + 94 + 409	76 + 59 + 479	25 + 109 + 99 + 300
962	614	533

Belgien

73 + 507 + 23 + 201	899 + 287 + 108	20 + 114 + 106 + 293
804	1294	533

Italien

34 + 109 + 81	905 + 281 + 50 + 58	15 + 119 + 49 + 350
224	1294	533

Frankreich

Sonderfälle mit Übertrag

ACHTUNG!

Achte immer darauf:
Einer stehen unter Einern!
Zehner stehen unter Zehnern!
Hunderter stehen unter Hundertern!

417 + 53

H	Z	E
4	1	7
+	5	3
	1	
4	7	0

Ein Übertrag kann auch größer als 1 sein! Beispiel:

259 + 187 + 95

H	Z	E
2	5	9
+ 1	8	7
+	9	5
	2	2
5	4	1

5 E + 7 E + 9 E = 21 E
Ich notiere 1 E, ich übertrage 2 Z.

2 Z + 9 Z + 8 Z + 5 Z = 24 Z
Ich notiere 4 Z, ich übertrage 2 H.

2 H + 1 H + 2 H = 5 H
Ich notiere 5 H.

Denke daran, auch Überträge in leere Stellen zu notieren! Beispiel:

99 + 99

H	Z	E
	9	9
+	9	9
	1	1
1	9	8

9 E + 9 E = 18 E
Ich notiere 8 E, ich übertrage 1 Z.

1 Z + 9 Z + 9 Z = 19 Z
Ich notiere 9 Z, ich übertrage 1 H.

Ich notiere 1 H.

Zwischennullen nicht vergessen! Beispiel:

189 + 219

H	Z	E
1	8	9
+ 2	1	9
	1	1
4	0	8

9 E + 9 E = 18 E
Ich notiere 8 E, ich übertrage 1 Z.

1 Z + 1 Z + 8 Z = 10 Z
Ich notiere 0 Z, ich übertrage 1 H.

1 H + 2 H + 1 H = 4 H
Ich notiere 4 H.

❶ Rechne schriftlich.

a) 756 + 97 = 853   b) 578 + 86 = 664   c) 99 + 99 = 198
d) 98 + 7 = 105   e) 87 + 94 = 181   f) 9 + 92 = 101
g) 91 + 9 = 100   h) 723 + 12 + 465 = 1200   i) 189 + 298 + 78 = 565

Lösungen

Zahlenraum bis 10 000

❶ Notiere die Lösungsschritte.

	ZT	T	H	Z	E
		5	4	5	2
+		4	1	9	9
+			5	1	9
		1	1	1	2
	1	0	1	7	0

> 9 E plus 9 E plus 2 E ist gleich 20 E, das sind 0 E und **2 Z**, ich notiere 0 E, ich übertrage **2 Z**. 2 Z plus …

❷ Überschlage zuerst. Berechne dann das genaue Ergebnis. Kann dein Ergebnis stimmen? Vergleiche mit dem Ergebnis der Überschlagsrechnung.

a)

	T	H	Z	E
	2	4	5	6
+	2	2	2	9
+		9	9	9
+			1	0
		1	1	2
	5	6	9	4

	T	H	Z	E
	2	4	5	6
+	2	2	2	9
+				1
	4	6	8	5

	T	H	Z	E
	1	0	8	8
+		1	7	9
+	8	0	0	1
+			1	5
			1	2
	9	2	8	3

Überschlag: _____ _____ _____

b)

	T	H	Z	E
			8	7
+			5	5
+	7	7	7	7
+	2	0	0	0
			2	1
	9	9	1	9

	T	H	Z	E
	2	8	9	9
+	2	3	7	6
+	3	1	1	2
		1	1	1
	8	3	8	7

	T	H	Z	E
	6	2	8	8
+	2	9	5	9
+				3
			1	2
	9	2	5	0

Überschlag: _____ _____ _____

Wiederholung der halbschriftlichen Subtraktion

Felix und Nina ziehen halbschriftlich ab (subtrahieren). Vergleiche. Wie würdest du rechnen?

Felix

H	Z	E		H	Z	E		H	Z	E
7	8	6	−	3	2	5	=			
7	8	6	−	3	0	0	=	4	8	6
4	8	6	−		2	0	=	4	6	6
4	6	6	−			5	=	4	6	1
7	8	6	−	3	2	5	=	4	6	1

Nina

H	Z	E		H	Z	E		H	Z	E
7	8	6	−	3	2	5	=			
7	8	6	−			5	=	7	8	1
7	8	1	−		2	0	=	7	6	1
7	6	1	−	3	0	0	=	4	6	1
7	8	6	−	3	2	5	=	4	6	1

❶ Rechne wie Felix oder Nina.

a) (Felix)

H	Z	E		H	Z	E		H	Z	E
5	9	6	−	4	2	4	=			
5	9	6	−	4	0	0	=	1	9	6
1	9	6	−		2	0	=	1	7	6
1	7	6	−			4	=	1	7	2
5	9	6	−	4	2	4	=	1	7	2

b) (Nina)

H	Z	E		H	Z	E		H	Z	E
7	9	8	−	2	5	2	=			
7	9	8	−			2	=	7	9	6
7	9	6	−		5	0	=	7	4	6
7	4	6	−	2	0	0	=	5	4	6
7	9	8	−	2	5	2	=	5	4	6

c) (Felix)

H	Z	E		H	Z	E		H	Z	E
9	8	2	−	5	4	1	=			
9	8	2	−	5	0	0	=	4	8	2
4	8	2	−		4	0	=	4	4	2
4	4	2	−			1	=	4	4	1
9	8	2	−	5	4	1	=	4	4	1

d) (Nina)

H	Z	E		H	Z	E		H	Z	E
2	5	5	−	1	3	2	=			
2	5	5	−			2	=	2	5	3
2	5	3	−		3	0	=	2	2	3
2	2	3	−	1	0	0	=	1	2	3
2	5	5	−	1	3	2	=	1	2	3

e) (Felix)

H	Z	E		H	Z	E		H	Z	E
6	6	6	−	4	0	4	=			
6	6	6	−	4	0	0	=	2	6	6
2	6	6	−		0	0	=	2	6	6
2	6	6	−			4	=	2	6	2
6	6	6	−	4	0	4	=	2	6	2

f) (Nina)

H	Z	E		H	Z	E		H	Z	E
8	4	2	−	5	1	2	=			
8	4	2	−			2	=	8	4	0
8	4	0	−		1	0	=	8	3	0
8	3	0	−	5	0	0	=	3	3	0
8	4	2	−	5	1	2	=	3	3	0

Einführung der schriftlichen Subtraktion

Rechne schriftlich: 29 – 15

> **Merke:**
> **Einer unter Einer, Zehner unter Zehner. Beginne immer bei den Einern!**

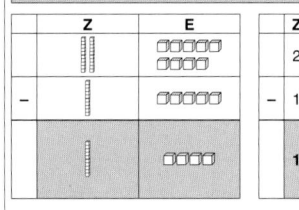

	Z	E
	2	9
−	1	5
	1	4

Ich spreche und schreibe:
5 E plus ? ist gleich 9 E?
5 E plus **4 E** ist gleich 9 E, ich notiere **4 E**.
1 Z plus ? ist gleich 2 Z?
1 Z plus **1 Z** ist gleich 2 Z, ich notiere **1 Z**.

❶ Die Lösungsschritte sind durcheinandergeraten. Ordne richtig. Trage dazu die Zahlen 1, 2 und 3 in die Kreise ein.

(2) 3 Z plus **1 Z** ist gleich 4 Z, ich notiere **1 Z**.
(1) 0 E plus **0 E** ist gleich 0 E, ich notiere **0 E**.
(3) 1 H plus **5 H** ist gleich 6 H, ich notiere **5 H**.

	H	Z	E
	6	4	0
−	1	3	0
	5	1	0

❷ Fülle alle Lücken aus.

a) 1 E plus **5 E** ist gleich 6 E, ich notiere **5 E**.
b) 4 Z plus **1 Z** ist gleich 5 Z, ich notiere **1 Z**.
c) 3 H plus **6 H** ist gleich 9 H, ich notiere **6 H**.

	H	Z	E
	9	5	6
−	3	4	1
	6	1	5

Einer-, Zehner- und Hunderterzahlen

❶ Rechne schriftlich.

a)

	E		E		E		E		E		E
	8		6		7		6		7		9
−	4	−	3	−	1	−	5	−	2	−	1
	4		3		6		1		5		8

b)

	Z	E		Z	E		Z	E		Z	E		Z	E		Z	E
	9	0		4	0		8	0		7	0		6	0		7	0
−	5	0	−	3	0	−	3	0	−	5	0	−	1	0	−	4	0
	4	0		1	0		5	0		2	0		5	0		3	0

c)

	H	Z	E		H	Z	E		H	Z	E		H	Z	E		H	Z	E
	6	0	0		7	0	0		9	0	0		4	0	0		8	0	0
−	4	0	0	−	2	0	0	−	6	0	0	−	3	0	0	−	2	0	0
	2	0	0		5	0	0		3	0	0		1	0	0		6	0	0

❷ Ergänze fehlende Ziffern.

	H	Z	E		H	Z	E		H	Z	E		H	Z	E		H	Z	E
		9			6	0	0		8	0		7	0	0		8	0	0		
−		**7**		−	2	0	0	−	5	0	−	**1**	0	0	−	7	0	0		
		2			**4**	0	0		3	**0**		6	0	0		1	0	0		

❸ Marie hat 40 Euro gespart. Sie möchte sich ein PC-Spiel für 30 Euro kaufen. Wie viel Euro bleiben übrig?

Es bleiben 10 € übrig.

	Z	E
	4	0
−	3	0
	1	0

Lösungen

ZE – E, ZE – ZE

❶ Verbinde die Lösungsschritte mit der dazugehörigen Aufgabe.

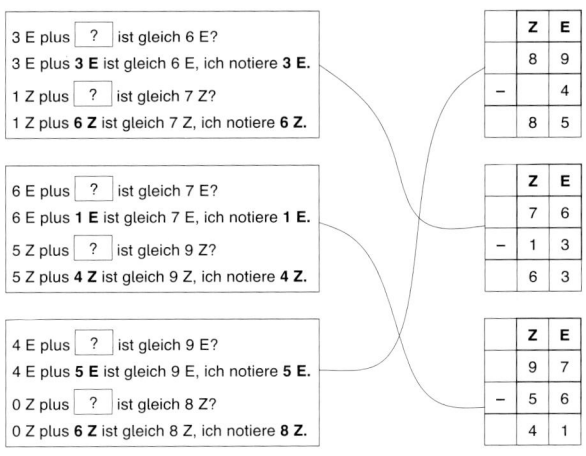

3 E plus [?] ist gleich 6 E?
3 E plus **3 E** ist gleich 6 E, ich notiere **3 E.**
1 Z plus [?] ist gleich 7 Z?
1 Z plus **6 Z** ist gleich 7 Z, ich notiere **6 Z.**

	Z	E
	8	9
−		4
	8	5

6 E plus [?] ist gleich 7 E?
6 E plus **1 E** ist gleich 7 E, ich notiere **1 E.**
5 Z plus [?] ist gleich 9 Z?
5 Z plus **4 Z** ist gleich 9 Z, ich notiere **4 Z.**

	Z	E
	7	6
−	1	3
	6	3

4 E plus [?] ist gleich 9 E?
4 E plus **5 E** ist gleich 9 E, ich notiere **5 E.**
0 Z plus [?] ist gleich 8 Z?
0 Z plus **6 Z** ist gleich 8 Z, ich notiere **8 Z.**

	Z	E
	9	7
−	5	6
	4	1

❷ Subtrahiere schriftlich.

a)
	Z	E
	9	9
−		7
	9	2

b)
	Z	E
	4	6
−	2	5
	2	1

c)
	Z	E
	8	2
−	3	2
	5	0

d)
	Z	E
	6	7
−	3	3
	3	4

Übungen: ZE – E, ZE – ZE

❶ Überschlage zuerst. Berechne dann das genaue Ergebnis. Kann dein Ergebnis stimmen? Vergleiche mit dem Ergebnis der Überschlagsrechnung.

a)
Z E	Z E	Z E	Z E	Z E	Z E
4 8	5 6	3 5	7 8	7 9	6 6
− 6	− 1	− 1 4	− 3 3	− 2	− 4 6
4 2	5 5	2 1	4 5	7 7	2 0

Überschlag: _____ _____ _____

b)
Z E	Z E	Z E	Z E	Z E	Z E
7 7	5 8	4 3	9 2	6 8	3 7
− 5	− 4 2	− 2	− 6 2	− 3	− 1 4
7 2	1 6	4 1	3 0	6 5	2 3

Überschlag: _____ _____ _____

c)
Z E	Z E	Z E	Z E	Z E	Z E
9 7	6 5	7 6	8 7	5 5	3 8
− 4	− 2 4	− 6	− 3 1	− 3 5	− 2 4
9 3	4 1	7 0	5 6	2 0	1 4

Überschlag: _____ _____ _____

❷ Ergänze fehlende Ziffern.

a)
	Z	E
	4	7
−	2	5
	2	2

b)
	Z	E
	9	2
−	6	1
	3	1

c)
	Z	E
	6	8
−		3
	6	5

d)
	Z	E
	7	9
−	3	8
	4	1

e)
	Z	E
	4	7
−		3
	4	4

f)
	Z	E
	4	6
−	4	1
		5

g)
	Z	E
	8	9
−		6
	8	3

h)
	Z	E
	3	6
−	1	2
	2	4

i)
	Z	E
	9	6
−	3	4
	6	2

j)
	Z	E
	5	7
−	3	6
	2	1

Anwendung: ZE – E, ZE – ZE

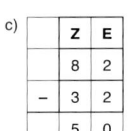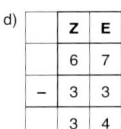

❶ Schreibe untereinander und subtrahiere. Überschlage zuerst.

a) 97 – 32 b) 78 – 6 c) 62 – 32 d) 74 – 21 e) 88 – 47

Z E	Z E	Z E	Z E	Z E
9 7	7 8	6 2	7 4	8 8
− 3 2	− 6	− 3 2	− 2 1	− 4 7
6 5	7 2	3 0	5 3	4 1

❷ Moritz möchte sich einen neuen Fahrradhelm kaufen. Er hat 31 € gespart. Wie viel Geld fehlt ihm noch?

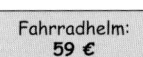
Fahrradhelm: 59 €

	Z	E
	5	9
−	3	1
	2	8

Antwort: ___28 € fehlen.___

❸ Die Freundinnen Lena, Jule, Lotta, Sophia und Nele wollen zu einem Konzert ihrer Lieblingsband. Alle Mädchen sparen fleißig. Wie viele Euro fehlen jedem noch? Rechne schriftlich.

	Lena	Jule	Lotta	Sophia	Nele
Bereits gespart	31 €	25 €	44 €	29 €	53 €
Preis des Konzerttickets	69 €	69 €	69 €	69 €	69 €
Fehlendes Geld	38 €	44 €	25 €	40 €	16 €

Z E	Z E	Z E	Z E
6 9	6 9	6 9	6 9
− 3 1	− 2 5	− 2 9	− 5 3
3 8	4 4	4 0	1 6

HZE – E

Aufgabe: 489 – 3 – 2 – 1

Merke:
Einer unter Einer – Zehner unter Zehner, Hunderter unter Hunderter!

	H	Z	E
	4	8	9
−			3
−			2
−			1
	4	**8**	**3**

Ich spreche und schreibe:

Zuerst addiere ich alle E, die von 9 E abgezogen werden sollen.

1 E plus 2 E plus 3 E ist gleich 6 E.
6 E plus [?] ist gleich 9 E?
6 E plus **3 E** ist gleich 9 E, ich notiere **3 E.**
0 Z plus [?] ist gleich 8 Z?
0 Z plus **8 Z** ist gleich 8 Z, ich notiere **8 Z.**
0 H plus [?] ist gleich 4 H?
0 H plus **4 H** ist gleich 4 H, ich notiere **4 H.**

❶ Schreibe die Aufgabe und ihr Ergebnis auf.

Ich spreche und schreibe:

1 E plus 2 E plus 1 E ist gleich 4 E.
4 E plus [?] ist gleich 6 E?
4 E plus **2 E** ist gleich 6 E, ich notiere **2 E.**
0 Z plus [?] ist gleich 5 Z?
0 Z plus **5 Z** ist gleich 5 Z, ich notiere **5 Z.**
0 H plus [?] ist gleich 1 H?
0 H plus **1 H** ist gleich 1 H, ich notiere **1 H.**

	H	Z	E
	1	5	6
−			1
−			2
−			1
	1	**5**	**2**

Übungen: HZE – E

❶ Berechne das Ergebnis.

a)	H	Z	E		b)	H	Z	E		c)	H	Z	E		d)	H	Z	E
	7	2	7			9	5	3			5	5	5			8	6	7
–			5		–			2		–			2		–			4
	7	2	2			9	5	1		–			1		–			1
											5	5	2		–			2
																8	6	0

e)	H	Z	E		f)	H	Z	E		g)	H	Z	E		h)	H	Z	E
	6	9	9			4	4	8			5	8	7			1	3	5
–			2		–			1		–			2		–			2
–			5		–			4		–			1		–			1
	6	9	2		–			2		–			1			1	3	2
						4	4	1			5	8	2					

❷ Ergänze fehlende Ziffern.

a)	H	Z	E		b)	H	Z	E		c)	H	Z	E		d)	H	Z	E
	7	4	8			6	2	9			1	5	7			4	2	6
–			1		–			5		–			4		–			2
	7	4	7		–			5		–			1		–			3
						6	2	2		–			1			4	2	1
											1	5	1					

e)	H	Z	E		f)	H	Z	E		g)	H	Z	E		h)	H	Z	E
	3	2	7			9	5	8			2	7	4			5	3	9
–			3		–			1		–			1		–			5
–			3		–			3		–			1		–			1
	3	2	1		–			2		–			1			5	3	3
						9	5	2			2	7	1					

Anwendung: HZE – E

❶ Schreibe untereinander und subtrahiere schriftlich.

a) 389 – 6   b) 647 – 4 – 2   c) 568 – 1 – 2 – 3   d) 798 – 1 – 3 – 1

	H	Z	E			H	Z	E			H	Z	E			H	Z	E
	3	8	9			6	4	7			5	6	8			7	9	8
–			6		–			4		–			1		–			1
	3	8	3		–			2		–			2		–			3
						6	4	1		–			3		–			1
											5	6	2			7	9	3

❷ Henry hat 126 € gespart. Er kauft eine Zeitschrift für 3 € und ein Eis für 2 €. Wie viele Euro bleiben übrig? Rechne schriftlich.

	H	Z	E
	1	2	6
–			3
–			2
	1	2	1

Antwort: Es bleiben 121 € übrig.

❸ Eine Pizzeria hat am Samstag, 09.05.2009, 119 Pizzen gebacken. Der Lieferservice liefert 3 Pizzen nach Eberstadt, 2 Pizzen nach Muschenheim, 1 Pizza nach Holzheim und 2 Pizzen nach Garbenteich. Wie viele Pizzen werden in der Pizzeria verspeist? Rechne schriftlich.

	H	Z	E
	1	1	9
–			3
–			2
–			1
–			2
	1	1	1

Antwort:
Es werden 111 Pizzen in der Pizzeria verspeist.

HZE – ZE, HZE – HZE

Aufgabe: 578 – 132 – 21 – 4

Merke:
Einer unter Einer, Zehner unter Zehner, Hunderter unter Hunderter!

	H	Z	E
	5	7	8
–	1	3	2
–		2	1
–			4
	4	2	1

Ich spreche und schreibe:
4 E plus 1 E plus 2 E ist gleich 7 E.
7 E plus ? ist gleich 8 E?
7 E plus 1 E ist gleich 8 E, ich notiere 1 E.
2 Z plus 3 Z ist gleich 5 Z.
5 Z plus ? ist gleich 7 Z?
5 Z plus 2 Z ist gleich 7 Z, ich notiere 2 Z.
1 H plus ? ist gleich 5 H?
1 H plus 4 H ist gleich 5 H, ich notiere 4 H.

❷ Subtrahiere schriftlich.

a)	H	Z	E		b)	H	Z	E		c)	H	Z	E
	4	5	6			9	6	5			8	8	8
–	1	2	1		–		3	4		–	3	3	3
–		1	3		–	4	0	1			5	5	5
–			1			5	3	0					
	3	2	1										

Übungen: HZE – ZE, HZE – HZE

❶ Überschlage zuerst. Berechne dann das genaue Ergebnis. Kann dein Ergebnis stimmen? Vergleiche mit dem Ergebnis der Überschlagsrechnung.

a)	H	Z	E		b)	H	Z	E		c)	H	Z	E		d)	H	Z	E
	5	6	7			8	5	3			6	5	8			2	4	9
–		4	2		–	4	2	1		–		5	3		–	1	0	5
	5	2	4			4	3	2			6	0	5			1	4	4

Überschlag: _____

e)	H	Z	E		f)	H	Z	E		g)	H	Z	E		h)	H	Z	E
	3	5	6			9	7	8			7	4	5			8	9	9
–		2	3		–	5	2	3		–	2	2	1		–		3	3
–		2	1		–		1	2		–	1	1	2		–		2	2
	3	1	2			4	4	3		–			1		–		1	1
											4	1	1			8	3	3

Überschlag: _____

❷ Ergänze fehlende Ziffern.

a)	H	Z	E		b)	H	Z	E		c)	H	Z	E		d)	H	Z	E
	7	8	9			9	9	7			5	8	6			1	9	5
–	2	3	5		–		5	4		–	1	8	1		–		6	3
	5	5	4			9	4	3			4	0	5			1	3	2

e)	H	Z	E		f)	H	Z	E		g)	H	Z	E		h)	H	Z	E
	4	6	8			3	6	1			4	7	9			9	9	9
–		2	3		–	1	0	0		–	2	0	4		–	1	0	0
–		1	1		–		4	1		–	1	1	3		–	2	2	0
	4	3	4			2	2	0		–		2	0		–		4	0
											1	4	2			6	3	9

Lösungen

Anwendung: HZE – ZE, HZE – HZE

❶ Schreibe untereinander und subtrahiere schriftlich. Überschlage zuerst.

a) 839 – 30   b) 647 – 322   c) 966 – 24 – 30   d) 798 – 203 – 180 – 14

H	Z	E
	8	3	9
–		3	0
	8	0	9

H	Z	E
	6	4	7
–	3	2	2
	3	2	5

H	Z	E
	9	6	6
–		2	4
–		3	0
	9	1	2

H	Z	E
	7	9	8
–	2	0	3
–	1	8	0
–		1	4
	4	0	1

❷ Welches Angebot ist das preisgünstigste?

a) Beantworte die Frage durch eine Überschlagsrechnung.

Mega-Schnäppchen!
Elektro Möller
~~699 €~~
157 € Rabatt
Überschlag: __540__

PREISHAMMER!
Mini Markt
~~678 €~~
125 € Ersparnis
Überschlag: __550__

PREISSENSATION!
HiFi Heilig
~~649 €~~
Reduziert um 114 €
Überschlag: __540__

Antwort: Elektro Möller und HiFi Heilig haben ähnlich günstige Angebote.

b) Berechne nun die genauen Preise schriftlich.

H	Z	E
	6	9	9
–	1	5	7
	5	4	2

H	Z	E
	6	7	8
–	1	2	5
	5	5	3

H	Z	E
	6	4	9
–	1	1	4
	5	3	5

Schreib- und Sprechweise

> **Merke:**
> **Einer** unter **Einer**, **Zehner** unter **Zehner**.

25 – 6 = **19**

Ich kehre die Aufgaben um und ergänze: 6 + **19** = 25

Z	E
2	5
–		6
	1
1	**9**

6 E plus ? E ist gleich 5 E?
Das geht nicht!
Deshalb mache ich aus 1 Z 10 E.
Ich rechne dann:
6 E plus ? E ist gleich 15 E?
6 E plus **9 E** ist gleich 15 E.
Ich notiere 9 E
und übertrage 1 Z.

Ich spreche und schreibe:

6 E plus **9 E** ist gleich 15 E.
Ich notiere 9 E, ich übertrage 1 Z.

1 Z plus **1 Z** ist gleich 2 Z.
Ich notiere 1 Z.

❶ Die Lösungsschritte der folgenden Aufgabe sind durcheinandergeraten.
Ordne richtig. Trage dazu die Zahlen 1, 2 und 3 in die Kreise ein.

(2) 1 Z plus 2 Z ist gleich 3 Z,
3 Z plus **5 Z** ist gleich 8 Z,
ich notiere 5 Z.

(1) 5 E plus **8 E** ist gleich 13 E,
ich notiere 8 E, ich übertrage **1 Z**.

(3) 2 H plus **2 H** ist gleich 4 H,
ich notiere 2 H.

H	Z	E
4	8	3
–	2	2	5
		1
2	5	8

ZE – E, ZE – ZE

❶ Verbinde die Lösungsschritte mit der dazugehörigen Aufgabe.

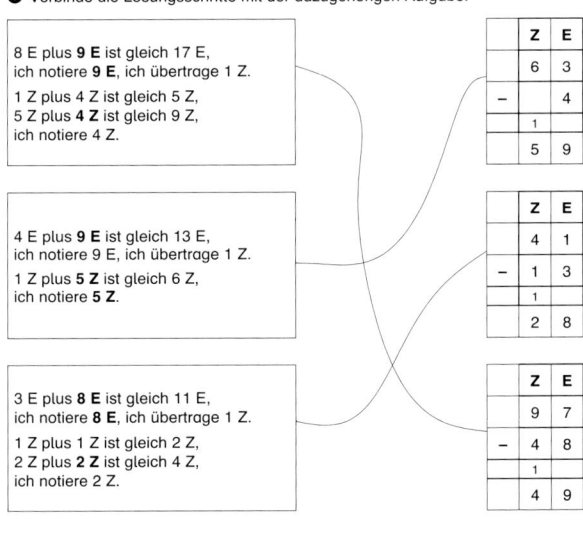

8 E plus **9 E** ist gleich 17 E,
ich notiere **9 E**, ich übertrage 1 Z.
1 Z plus 4 Z ist gleich 5 Z,
5 Z plus **4 Z** ist gleich 9 Z,
ich notiere 4 Z.

Z	E
6	3
–		4
1	
5	9

4 E plus **9 E** ist gleich 13 E,
ich notiere 9 E, ich übertrage 1 Z.
1 Z plus **5 Z** ist gleich 6 Z,
ich notiere **5 Z**.

Z	E
4	1
–	1	3
1	
2	8

3 E plus **8 E** ist gleich 11 E,
ich notiere **8 E**, ich übertrage 1 Z.
1 Z plus 1 Z ist gleich 2 Z,
2 Z plus **2 Z** ist gleich 4 Z,
ich notiere 2 Z.

Z	E
9	7
–	4	8
1	
4	9

❷ Subtrahiere schriftlich.

a)
Z	E
9	5
–		7
1	
8	8

b)
Z	E
5	6
–	4	7
1	
	9

c)
Z	E
8	2
–	6	6
1	
1	6

d)
Z	E
7	4
–	3	8
1	
3	6

Übungen: ZE – E, ZE – ZE

❶ Überschlage zuerst. Berechne dann das genaue Ergebnis. Kann dein
Ergebnis stimmen? Vergleiche mit dem Ergebnis der Überschlagsrechnung.

a)

Z E	Z E	Z E	Z E	Z E	Z E
2 5	2 2	2 1	4 8	7 2	5 3
– 9	– 8	– 1 6	– 3 9	– 9	– 2 5
1	1	1	1	1	1
1 6	1 4	5	9	6 3	2 8

Überschlag: _____

b)

Z E	Z E	Z E	Z E	Z E	Z E
6 6	5 1	4 3	9 2	9 2	3 7
– 8	– 4 2	– 6	– 3 5	– 7	– 2 9
1	1	1	1	1	1
5 8	9	3 7	5 7	8 5	8

Überschlag: _____

c)

Z E	Z E	Z E	Z E	Z E	Z E
8 4	3 4	9 2	7 2	4 0	8 3
– 8	– 2 7	– 6	– 3 8	– 2 4	– 1 6
1	1	1	1	1	1
7 6	7	8 6	3 4	1 6	6 7

Überschlag: _____

❷ Ergänze fehlende Ziffern und Überträge.

a)
Z	E
4	4
– 2	9
1	
1	5

b)
Z	E
9	2
– 6	4
1	
2	8

c)
Z	E
6	5
–		8
1	
5	7

d)
Z	E
8	3
– 3	8
1	
4	5

e)
Z	E
3	5
–		8
1	
2	7

f)
Z	E
4	6
– 3	7
1	
	9

g)
Z	E
4	8
–		9
1	
3	9

h)
Z	E
9	2
– 8	6
1	
	6

i)
Z	E
7	2
– 3	8
1	
3	4

j)
Z	E
7	7
– 5	8
1	
1	9

Lösungen

---

❶ Schreibe untereinander und subtrahiere. Überschlage zuerst.

a) 86 – 18   b) 67 – 9   c) 72 – 23   d) 84 – 76   e) 66 – 47

Z	E
8	6
– 1	8
1	
6	8

Z	E
6	7
–	9
	1
5	8

Z	E
7	2
– 2	3
	1
4	9

Z	E
8	4
– 7	6
	1
	8

Z	E
6	6
– 4	7
	1
1	9

❷ Eric möchte ein Handy kaufen. Er hat 39 € gespart.
Wie viel Geld fehlt ihm?

Handy: **64 €**

	Z	E
	6	4
–	3	9
	1	
	2	5

Antwort: _____ Ihm fehlen 25 €. _____

❸ Jan hat einen Tachometer für sein Rad geschenkt bekommen.
Er notiert täglich den Kilometerstand.
Wie viele Kilometer ist er pro Tag gefahren?

Datum	1. Juni	2. Juni	3. Juni	4. Juni	5. Juni
Alter Kilometerstand	17	35	54	62	81
Neuer Kilometerstand	35	54	62	81	90
Gefahrene Kilometer	18	19	8	19	9

	3	5
–	1	7
	1	
	1	8

	5	4
–	3	5
	1	
	1	9

	6	2
–	5	4
	1	
		8

	8	1
–	6	2
	1	
	1	9

	9	0
–	8	1
	1	
		9

Aufgabe: 153 – 5 – 2 – 1

> **Merke:**
> Einer unter Einer, Zehner unter Zehner, Hunderter unter Hunderter!

	H	Z	E
	1	5	3
–			5
–			2
–			1
		1	
	1	4	5

> Zuerst addiere ich alle Zahlen,
> die von 3 E abgezogen werden:
> 1 E plus 2 E plus 5 E ist gleich 8 E.
> Dann rechne ich wieder:
> 8 E plus ? E ist gleich 3 E geht nicht.
> 8 E plus ? E ist gleich 13 E.
> 8 E plus **5 E** ist gleich 13 E.
> Ich notiere 5 E und
> übertrage 1 Z zu den Zehnern.

Ich spreche und schreibe:

1 E plus 2 E plus 5 E ist gleich 8 E,
8 E plus **5 E** ist gleich 13 E, ich notiere 5 E, ich übertrage 1 Z.
1 Z plus **4 Z** ist gleich 5 Z, ich notiere 4 Z.
0 H plus **1 H** ist gleich 1 H, ich notiere 1 H.

❶ Wie lautet die Aufgabe? Trage auch die Lösung ein.

4 E plus 2 E plus 1 E ist gleich 7 E,
7 E plus **8 E** ist gleich 15 E,
ich notiere 8 E, ich übertrage 1 Z.

1 Z plus **3 Z** ist gleich 4 Z,
ich notiere 3 Z.

0 H plus **2 H** ist gleich 2 H,
ich notiere 2 H.

	H	Z	E
	2	4	5
–			1
–			2
–			4
		1	
	2	3	8

---

❶ Überschlage zuerst. Berechne dann das genaue Ergebnis. Kann dein
Ergebnis stimmen? Vergleiche mit dem Ergebnis der Überschlagsrechnung.

a)
H	Z	E
6	2	8
–	4	2
	1	
5	8	6

b)
H	Z	E
9	1	3
–		7
		1
9	0	6

c)
H	Z	E
2	2	2
–		4
		3
		1
2	1	5

d)
H	Z	E
8	2	3
–		4
		1
		3
		1
8	1	5

e)
H	Z	E
9	9	4
–		2
–		6
		1
9	8	6

f)
H	Z	E
5	4	6
–		1
–		4
–		3
		1
5	3	8

g)
H	Z	E
4	2	7
–		3
–		4
–		2
–		1
4	1	9

h)
H	Z	E
8	7	2
–		4
–		4
		1
8	6	4

❷ Ergänze fehlende Ziffern und Überträge.

a)
H	Z	E
8	3	8
–		9
		1
8	2	9

b)
H	Z	E
3	2	1
–		5
–		2
		1
3	1	4

c)
H	Z	E
1	8	6
–		6
–		1
–		1
1	7	8

d)
H	Z	E
4	2	5
–		4
–		3
		1
4	1	8

e)
H	Z	E
7	2	1
–		5
–		3
		1
7	1	3

f)
H	Z	E
9	5	4
–		2
–		2
–		2
		1
9	4	7

g)
H	Z	E
2	8	8
–		1
–		3
–		5
		1
2	7	9

h)
H	Z	E
5	4	6
–		5
–		3
		1
5	3	8

---

❶ Schreibe untereinander und subtrahiere schriftlich. Überschlage zuerst.

a) 281 – 8   b) 642 – 3 – 3   c) 56 – 2 – 4 – 2   d) 498 – 4 – 1 – 2 – 2

a)
H	Z	E
2	8	1
–		8
	1	
2	7	3

b)
H	Z	E
6	4	2
–		3
–		3
		1
6	3	6

c)
Z	E
5	6
–	2
–	4
–	2
1	
4	8

d)
H	Z	E
4	9	8
–		4
–		1
–		2
–		2
		1
4	8	9

❷ Memet hat 123 € gespart. Er gibt zweimal 3 € und zweimal 1 € aus.
Wie viele Euro bleiben übrig? Rechne schriftlich.

	H	Z	E
	1	2	3
–			3
–			3
–			1
–			1
	1	1	5

Antwort: _____ Es bleiben 115 € übrig. _____

❸ Eine Computerfirma hat am Freitag, 08.05.2009, 374 Monitore produziert.
Kontrolleur Müller entnimmt 1 defektes Gerät, Kontrolleur Schellhas 3,
Kontrolleur Bostic 2 und Kontrolleur Nagel 2 Monitore.

Frage: _____ Wie viele heile Geräte wurden produziert?

	H	Z	E
	3	7	4
–			1
–			3
–			2
–			2
		1	
	3	6	6

Antwort: _____ Es wurden 366 heile Geräte produziert. _____

Lösungen

HZE – ZE, HZE – HZE

Aufgabe: 311 – 24 – 42 – 51

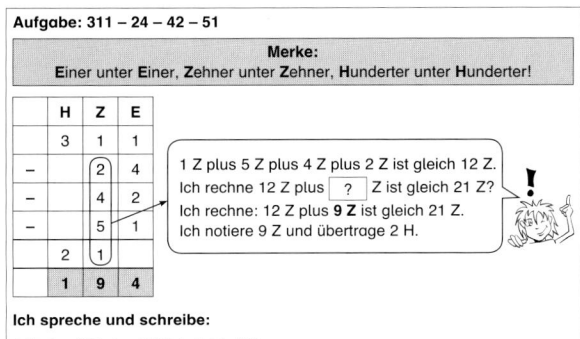

> **Merke:**
> Einer unter Einer, Zehner unter Zehner, Hunderter unter Hunderter!

	H	Z	E
	3	1	1
−		②	4
−		4	2
−		5	1
	2	①	
	1	**9**	**4**

1 Z plus 5 Z plus 4 Z plus 2 Z ist gleich 12 Z.
Ich rechne 12 Z plus ? Z ist gleich 21 Z?
Ich rechne: 12 Z plus **9 Z** ist gleich 21 Z.
Ich notiere 9 Z und übertrage 2 H.

Ich spreche und schreibe:

1 E plus 2 E plus 4 E ist gleich 7 E,
7 E plus **4 E** ist gleich 11 E, ich notiere 4 E, ich übertrage 1 Z.

1 Z plus 5 Z plus 4 Z plus 2 Z ist gleich 12 Z,
12 Z plus **9 Z** ist gleich 21 Z, ich notiere 9 Z, ich übertrage 2 H.

2 H plus **1 H** ist gleich 3 H, ich notiere 1 H.

❶ Subtrahiere schriftlich.

a)
H	Z	E
5	1	6
− 1	2	1
−	7	4
−	3	3
2	1	
2	8	8

b)
H	Z	E
9	2	3
−	2	9
− 3	0	7
1	2	
5	8	7

c)
H	Z	E
7	8	1
− 2	1	5
	1	
5	6	6

Übungen: HZE – ZE, HZE – HZE

❶ Überschlage zuerst. Berechne dann das genaue Ergebnis. Kann dein Ergebnis stimmen? Vergleiche mit dem Ergebnis der Überschlagsrechnung.

a)
H	Z	E
3	6	2
−	4	7
	1	
3	1	5

b)
H	Z	E
7	5	1
− 4	2	9
	1	
3	2	2

c)
H	Z	E
6	5	2
−	3	3
	1	
6	1	9

d)
H	Z	E
4	4	8
− 2	0	9
	1	
2	3	9

e)
H	Z	E
1	5	6
−	1	2
−	1	6
	1	
1	2	8

f)
H	Z	E
8	6	1
−	4	4
−	2	5
	1	1
6	9	2

g)
H	Z	E
6	2	5
−	1	4	1
−	2	7	5
	5	1
2	1	
1	5	8

h)
H	Z	E
5	5	9
−	2	1
−	8	3
−	7	2
2		
3	8	3

❷ Ergänze fehlende Ziffern und Überträge.

a)
H	Z	E
5	8	9
− 3	9	5
	1	
1	9	4

b)
H	Z	E
8	9	7
−	9	9
	1	1
7	9	8

c)
H	Z	E
7	6	7
− 1	8	6
	1	
5	8	1

d)
H	Z	E
2	8	5
−	6	7
	1	
2	1	8

e)
H	Z	E
3	1	2
−	5	3
−	7	1
2	1	
1	8	8

f)
H	Z	E
6	6	1
− 1	0	8
− 2	7	1
	1	1
2	8	2

g)
H	Z	E
6	7	7
− 3	8	1
−	6	0
−	5	0
2		
1	8	6

h)
H	Z	E
9	9	9
− 1	0	0
− 1	3	0
−	7	0
1		
6	9	9

Anwendung: HZE – ZE, HZE – HZE

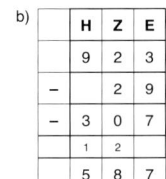

❶ Schreibe untereinander und subtrahiere schriftlich. Überschlage zuerst.

a) 739 – 80   b) 540 – 455   c) 813 – 75 – 40   d) 915 – 308 – 171 – 90

a)
H	Z	E
7	3	9
−	8	0
1		
6	5	9

b)
H	Z	E
5	4	0
− 4	5	5
1	1	
	8	5

c)
H	Z	E
8	1	3
−	7	5
−	4	0
2	1	
6	9	8

d)
H	Z	E
9	1	5
− 3	0	8
− 1	7	1
−	9	0
2	1	
3	4	6

❷ Welches Angebot ist das preisgünstigste?

a) Beantworte die Frage durch eine Überschlagsrechnung.

Mega-Schnäppchen!	**PREISHAMMER!**	PREISSENSATION!
Elektro Möller	**Mini Markt**	**HiFi Heilig**
~~455~~ €	~~389~~ €	~~410~~ €
168 € Rabatt	95 € Ersparnis	Reduziert um 127 €

Überschlag: ___290___   Überschlag: ___290___   Überschlag: ___290___

Antwort: Alle Angebote sind ähnlich günstig.

b) Berechne nun die genauen Preise schriftlich.

H	Z	E
4	5	5
− 1	6	8
1	1	
2	8	7

H	Z	E
3	8	9
−	9	5
	1	
2	9	4

H	Z	E
4	1	0
− 1	2	7
1	1	
2	8	3

Sonderfälle beim Übertrag

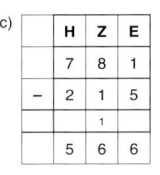

ACHTUNG!

Achte immer darauf:
Einer stehen unter Einern!
Zehner stehen unter Zehnern!
Hunderter stehen unter Hundertern!
…

573 – 126

H	Z	E
5	7	3
− 1	2	6
	1	
4	4	7

Ein Übertrag kann auch größer als 1 sein! Beispiel:

H	Z	E
8	5	1
− 1	0	5
− 2	3	1
− 3	6	9
1	2	
1	4	6

9 E + 1 E + 5 E = 15 E
15 E + ? = 1 E geht nicht
15 E + ? = 11 E geht auch nicht
15 E + ? = 21 E
Ich mache also aus 2 Z 20 E.
15 E + **6 E** = 21 E Ich notiere 6 E und übertrage 2 Z …

Auch diesen Fall kann es geben: Übertrag zur Null! Beispiel:

H	Z	E
6	0	4
−		8
1	1	
5	9	6

8 E + ? = 4 E geht nicht
8 E + ? = 14 E
8 E + **6 E** = 14 E Ich notiere 6 E und übertrage 1 Z.

1 Z + ? = 0 Z geht nicht
1 Z + ? = 10 Z
1 Z + **9 Z** = 10 Z Ich notiere 9 Z und übertrage 1 H.

1 H + ? = 6 H
1 H + **5 H** = 6 H Ich notiere 5 H.

❶ Rechne schriftlich.

a) 942 – 206 – 142 – 259 = 335   b) 701 – 9 = 692   c) 703 – 8 = 695
d) 722 – 106 – 228 – 129 = 259   e) 104 – 8 = 96   f) 712 – 166 – 288 – 199 = 59

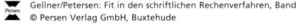

Lösungen

---

❶ Notiere die Lösungsschritte für folgende Aufgabe.

	T	H	Z	E
	6	6	8	3
−	4	2	2	1
−		5	4	4
		1		1
	1	9	1	8

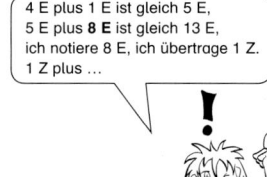

4 E plus 1 E ist gleich 5 E,
5 E plus **8 E** ist gleich 13 E,
ich notiere 8 E, ich übertrage 1 Z.
1 Z plus …

❷ Überschlage zuerst. Berechne dann das genaue Ergebnis. Kann dein Ergebnis stimmen? Vergleiche mit dem Ergebnis der Überschlagsrechnung.

a)

T	H	Z	E		T	H	Z	E		T	H	Z	E
6	8	3	6		7	5	3	9		5	2	2	4
−	6	5	4	−	2	8	4	6	−	5	0	3	9
		1				1	1				1	1
6	1	8	2		4	6	9	3		1	8	5

Überschlag: _____

b)

T	H	Z	E		T	H	Z	E		T	H	Z	E
6	9	7	4		4	2	8	0		9	4	8	4
−	1	2	8	1	−			7	2	−			9	9
−			3	1	−		5	0	4	−	1	8	0	9
			1		−	1	2	5	0				3	1
5	6	6	2		1	1	1			1	1	2
					2	4	5	4		7	5	4	5

Überschlag: _____

---

❶ Petra hat 585 € gespart. Sie gibt folgende Geldbeträge aus:
4 €, 8 €, 7 €, 5 €.

Frage: Wie viel Geld bleibt übrig?

		5	8	5
−				4
−				8
−				7
−				5
			2	
		5	6	1

Antwort: Es bleiben 561 € übrig.

❷ Lara hat folgende Beträge von ihrem Taschengeld gespart:
8 €, 6 €, 9 €, 4 €, 7 €. Wie viel Geld muss sie noch sparen, damit sie sich ein Handy für 162 € kaufen kann?

		1	6	2
−				8
−				6
−				9
−				4
−				7
			4	
		1	2	8

Antwort: Sie muss noch 128 € sparen, damit sie sich ein Handy kaufen kann.

❸ Ergänze fehlende Ziffern und Überträge.

a)	H	Z	E	b)	H	Z	E	c)	H	Z	E	d)	H	Z	E
	3	0	9		7	5	0		6	6	8		9	1	9
+			1	+			9	−			7	−			8
+			2	+			9	−		5	0	−			9
+			5	+			8	−			3	−			9
+			6			2			1	1			1	2
		2			7	7	6		5	9	3		8	9	3
	3	2	3												

---

❶ Die Ergebnisse der folgenden Aufgaben sind falsch. Korrigiere.

a)	H	Z	E	b)	H	Z	E	c)	H	Z	E	d)	H	Z	E
	9	8	5		6	9	7		3	1	0		5	2	0
−		7	6	+		3	1	+		6	5	−		1	1
		1		+		4	2	+		2	2	−		2	9
9	0	8		+		5	8	+		3	8	−		9	4
		9		+				+		1	0	−		1	0
					2	1			1	1			2	2
	9	1	8		8	2			3	4	4		3	8	7
									4	5			7	6

❷ Berechne schriftlich.

a)
79		777
	(+)	
	856	

b)
544		86
	(−)	
	458	

c)
520		97
	(−)	
	423	

d)
856		54
	(+)	
	910	

e)
655		70
	(−)	
	585	

f)
63		279
	(+)	
	342	

❸ Die Schüler der Klasse 9a haben seit 3 Schuljahren regelmäßig auf ihr Klassenkonto eingezahlt. Sie wollen davon eine große Abschlussparty veranstalten. Es sind 335 € angespart worden.

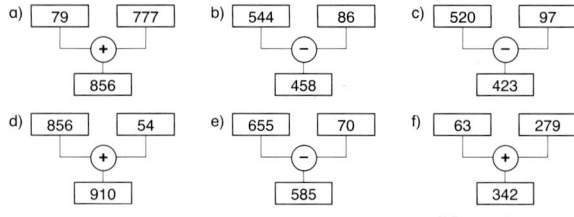

Ausgaben für die Party	
Cola:	75 €
Limo:	63 €
Cola-Bier:	41 €
Würstchen:	52 €
Brötchen:	17 €
Salate:	26 €
Tischdekoration:	11 €

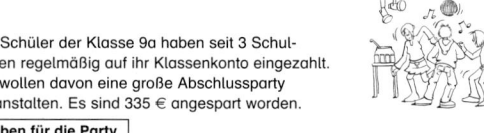

a) Die Ausgaben belaufen sich auf 285 €.
b) Es bleiben 50 € übrig.
c) Der Klasse stehen nun 235 € zur Verfügung.

---

❶ Berechne die Entfernungen. Überschlage zunächst.

a) Dortmund – Frankfurt: 267 km
b) Berlin – Kassel – Würzburg: 578 km
c) Ulm – Würzburg – Kassel – Berlin: 740 km

❷ Herr Koslowski ist im Außendienst einer Computerfirma tätig. Er fährt zweimal pro Monat von Berlin nach Dortmund.

a) 2 Wege:
   1. über Hamburg (636 km)
   2. über Kassel (538 km)
b) Er hat 1078 km zurückgelegt.

❸ Herr Koslowski hat sich folgende Kilometerstände notiert.

Montag	Dienstag	Mittwoch	Donnerstag	Freitag
401 km	142 km	203 km	152 km	138 km

Berechne folgende Aufgaben. Überschlage zunächst.

a) Er hat 1036 km zurückgelegt.
b) Er ist Mittwoch 61 km mehr gefahren als Dienstag.
c) Er kann sich 831 km anrechnen lassen.

❹ Herr Koslowski hat seinen neuen Firmenwagen erhalten. Er muss ein Fahrtenbuch führen. Vervollständige die Tabelle mit den Kilometerständen. Überschlage zunächst und rechne anschließend schriftlich.

	Montag	Dienstag	Mittwoch	Donnerstag	Freitag
Abfahrt (km)	171	202	401	651	811
Gefahrene km	31	199	250	160	289
Ankunft (km)	202	401	651	811	1100

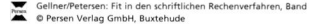

Lösungen

Lernkontrolle: Addition

Name: _____ Datum: _____ . _____ . _____

❶ Berechne schriftlich.

a) 331   b) 499   c) 499

d) 48   e) 143   f) 580

g) 1361   h) 913   i) 6019

❷ Ergänze fehlende Ziffern und Überträge.

a)
```
      6 2
  +     7
      6 9
```

b)
```
    4 0 6
  +   1 2
  +   9 2
    1 1
    5 1 0
```

c)
```
      6 2
  + 1 9 9
  +   7 8
  + 2 0 0
    2 1
    5 3 9
```

d)
```
          9
  +   5 0
  +     7
  +   2 9
  +   1 0
    1 2
    1 0 5
```

❸ Frage: Wieviel Geld hat Luca nun auf seinem Konto?
Rechnung: 1550 € + 230 € + 140 € + 70 € + 95 € = 2085 €
Antwort: Er hat nun 2085 € auf dem Konto.

❹ In welchem Geschäft muss man am wenigsten
bezahlen, wenn man alles kauft? Rechne schriftlich.

Schnäppchen-Markt	
Pfanne:	35 €
Schreibtisch:	108 €
Jeans:	24 €
PC:	320 €
Monitor:	99 €

586 €

Gut und Günstig	
Pfanne:	30 €
Schreibtisch:	129 €
Jeans:	17 €
PC:	305 €
Monitor:	101 €

582 €

Marktzentrum	
Pfanne:	38 €
Schreibtisch:	99 €
Jeans:	29 €
PC:	299 €
Monitor:	124 €

589 €

Gellner/Petersen: Fit in den schriftlichen Rechenverfahren, Band 1
© Persen Verlag GmbH, Buxtehude

Lernkontrolle: Subtraktion

Name: _____ Datum: _____ . _____ . _____

❶ Berechne schriftlich.

a) 73   b) 36   c) 916

d) 605   e) 4781   f) 554

g) 194   h) 2871   i) 3163

❷ Ergänze fehlende Ziffern und Überträge.

a)
```
    7 0
  -   9
    1
    6 1
```

b)
```
    4 2 6
  - 3 8 7
    1 1
      3 9
```

c)
```
    9 8 6
  - 2 5 5
  -     7
    7 2 4
```

d)
```
    7 6 5 1
  -   3 8 5
  -     6 5
  -       9
        2 2
    7 1 9 2
```

❸ Frage: Wie viele Geräte sind nun noch auf Lager?
Rechnung: 867 – 43 – 9 – 112 – 37 = 666
Antwort: Nun sind noch 666 Kameras auf Lager.

❹ Prüfe, welches Angebot das preisgünstigste ist.
Rechne schriftlich.

PREISSENSATION!
Elektro Kuhl
~~308~~ €
49 € Rabatt

259 €

Mega-Schnäppchen!
Elektromarkt Lux
~~352~~ €
104 € Rabatt

248 €

PREISHAMMER!
HiFi Walzer
~~360~~ €
105 € Rabatt

255 €

Gellner/Petersen: Fit in den schriftlichen Rechenverfahren, Band 1
© Persen Verlag GmbH, Buxtehude

Lernkontrolle: Addition und Subtraktion

Name: _____ Datum: _____ . _____ . _____

❶ Berechne schriftlich.

a) 499   b) 685

c) 923   d) 162

e) 652   f) 29

g) 1040   h) 6002

❷ Ergänze fehlende Ziffern und Überträge.

a)
```
    5 4 5
  + 1 0 0
  + 1 5 5
    1 1
    8 0 0
```

b)
```
    2 5 0 5
  -   5 6 9
    1 1 1
    1 9 3 6
```

c)
```
    6 0 7 5
  +   2 4 3
  +     9 0
  +   1 0 5
  +     1 0
      2 1
    6 5 2 3
```

d)
```
    8 0 3
  - 1 0 5
  -   9 1
  - 3 5 4
    2 1
    2 5 3
```

❸ Frage: Wie viele Karten können noch an der Abendkasse verkauft werden?
Rechnung: 3500 – 865 – 1053 – 947 = 635
Antwort: Es können noch 635 Karten an der Abendkasse verkauft werden.

❹ In der Tabelle siehst du die jährlichen Mietnebenkosten der Familie Konz.

a)

Jahr 2004	Jahr 2005	Jahr 2006	Jahr 2007	Jahr 2008
1253 €	954 €	1167 €	1075 €	1285 €

– 299 €   + 213 €   – 92 €   + 210 €

b) Sie hat in den 5 Jahren insgesamt 5734 € bezahlt.

Gellner/Petersen: Fit in den schriftlichen Rechenverfahren, Band 1
© Persen Verlag GmbH, Buxtehude

Gellner/Petersen: Fit in den schriftlichen Rechenverfahren, Band 1
© Persen Verlag GmbH, Buxtehude

Mathematik – anschaulich und motivierend!

Marco Bettner, Erik Dinges,
Kathrin Becker, Elena Iaccarino

Bruchrechnung in kleinen Schritten

Band 1: Einführung in die Bruchzahlen
Band 2: Addition und Subtraktion von Brüchen

Die Bruchrechnung ist für Förderschüler/-innen ein sehr schwieriges Thema.

Band 1 führt Ihre Schüler anhand vieler Bezüge zum Alltag gründlich und fundiert an die Bruchzahlen heran.

Band 2 baut darauf auf und hilft Ihnen, mit Ihren Schülern Addition und Subtraktion von Brüchen zu erarbeiten. Dabei werden Rechenoperationen veranschaulicht und mit operativen Lernhilfen, wie z. B. Pfeilbildern verknüpft. Die klare Strukturierung der Arbeitsblätter erleichtert Ihren Schülern die Orientierung. Zusätzlich in beiden Bänden: Einführungen mit Hinweisen zu Fehlerquellen und Tipps, Lernzielkontrollen und Aufgaben in verschiedenen Differenzierungsstufen.

Aus dem Inhalt:

Band 1: Halbieren und Vierteln von Figuren – Gleichmäßiges Aufteilen – Stammbrüche – Anteile – Vergleichen von Brüchen

Band 2: Brüche erweitern und kürzen – Brüche in Größenangaben – Addition und Subtraktion von Brüchen

Legen Sie den Grundstein für sicheres Bruchrechnen!

Band 1: Buch, 88 Seiten, DIN A4
5. bis 9. Klasse
Best.-Nr. 3490

Band 2: Buch, ca. 88 Seiten, DIN A4
5. bis 9. Klasse
Best.-Nr. 3464

Heide und Rüdiger Hildebrandt

Größen aktiv entdecken

Größenvorstellungen entwickeln – mit Maßeinheiten rechnen

Die beiden Bände machen Ihre Schülerinnen und Schüler fit, mit Maßeinheiten richtig umzugehen. Denn dies sind wichtige Voraussetzungen für die Bewältigung des Alltags. Die Aufgaben entsprechen alle dem Konzept des aktiv-entdeckenden Lernens. Einen Schwerpunkt bildet jeweils der Bereich „Schätzen", damit die Schülerinnen und Schüler eine Vorstellung von Zeit bzw. von Längen entwickeln. Mit methodisch-didaktischem Kommentar zur Unterrichtsgestaltung.

Aus dem Inhalt:

Längen: Messen mit Körperteilen – Wege schätzen und messen – Wege vergleichen – Umgang mit Lineal, Maßband & Co.

Zeit: Zeit vergleichen, schätzen und messen – Messwerkzeuge, Sanduhr, Digitaluhr, Zeigeruhr, Stoppuhr – Zeitspannen ablesen und berechnen – Zeiten umrechnen – Mit Sekunde, Minute und Stunde rechnen

Das Thema Größen mit Förderschülern nachhaltig erarbeiten!

Größen aktiv entdecken: Längen
Buch, 100 Seiten, DIN A4
4. bis 7. Klasse
Best.-Nr. 3776

Größen aktiv entdecken: Zeit
Buch, 104, DIN A4
4. bis 7. Klasse
Best.-Nr. 3384

Ellen Müller

Zahlenaufbau bis 100 in kleinen Schritten

Kopiervorlagen für die Arbeit mit Zahlenstrahl und Stellentafel

Klar ist: Es ist noch kein Meister vom Himmel gefallen! Gerade in Mathematik heißt es üben, üben, üben. Damit Sie auch langsamer lernende Schülerinnen und Schüler sicher voranbringen, besteht diese Mappe aus zahlreichen Aufgaben zu den Zehnerzahlen, Zahlenvergleichen u. v. m. Der Clou: Durch die Arbeit mit Zahlenstrahl und Stellentafel wird selbst schwächeren Kindern das „Begreifen" leicht gemacht.

So unterstützen Sie auch langsamere Kinder optimal!

Mappe mit Kopiervorlagen, 68 Seiten, DIN A4
1. bis 6. Schuljahr
Best.-Nr. 2381

Ellen Müller

Zahlenaufbau bis 1.000 in kleinen Schritten

Kopiervorlagen für die Orientierung im Zahlensystem

Diese ansprechend gestalteten Arbeitsblätter eignen sich besonders gut als Differenzierungsmaterial in der Grund- und Förderschule. Das Lernziel umfasst den Aufbau des Tausenders mit Zehnern, Hundertern und beliebigen dreistelligen Zahlen. Mit den Additions- und Subtraktionsübungen unterstützen Sie gezielt das Erkennen von Zahlenbeziehungen im dreistelligen Zahlenraum.

Damit machen Sie den neuen Zahlenraum auch für schwächere Schülerinnen und Schüler zugänglich!

Mappe mit Kopiervorlagen, 64 Seiten, DIN A4
4. bis 9. Klasse
Best.-Nr. 2382

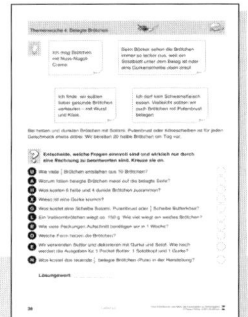